ZEITSCHRIFT FÜR ANGEWANDTE GEOLOGIE

HERAUSGEGEBEN VON
DER STAATLICHEN GEOLOGISCHEN KOMMISSION
UND DER ZENTRALEN VORRATSKOMMISSION
DER DEUTSCHEN DEMOKRATISCHEN REPUBLIK

AUS DEM INHALT

AKADEMIE-VERLAG · BERLIN

BAND 9 / HEFT 2
FEBRUAR 1963
SEITE 57—112

Die ZEITSCHRIFT FÜR ANGEWANDTE GEOLOGIE berichtet ständig über folgende Arbeitsgebiete: Geologische Grundlagenforschung und Lagerstättenforschung / Methodik der geologischen Erkundung / Ökonomie und Planung der geologischen Erkundung / Technik der geologischen Erkundung / Geologie und Lagerstättenkunde im Ausland. In der Zeitschrift können alle strittigen Fragen der praktischen Geologie behandelt werden. Die Autoren übernehmen für ihre Aufsätze die übliche Verantwortung.

ZEITSCHRIFT FÜR ANGEWANDTE GEOLOGIE

BAND 9 · FEBRUAR 1963 · HEFT 2

Scheelitvererzung in Skarnen des Exokontaktes des Bergener Granitmassivs[1])

A. A. KURDJUKOW & K. FEIRER, Karl-Marx-Stadt

Die in der gegenwärtigen Zeit bekannten Wolframerzvorkommen des Erzgebirges und Vogtlandes liegen hauptsächlich im Bereich des Kirchberger Granitmassivs (Pechtelsgrün) und im Exokontakt des Eibenstocker (Zschorlau) und Bergener Granits (Tirpersdorf). Bei diesen mehr oder weniger bauwürdigen Lagerstätten handelt es sich um kleinere Quarz-Wolframitgänge, die von OELSNER, WERNICKE & TEUSCHER, BECK u. a. ausreichend beschrieben sind.

In der gegenwärtigen Zeit werden nur die Quarz-Wolframitgänge von Pechtelsgrün abgebaut. Die noch vorhandenen geringen Vorräte entsprechen nicht dem wachsenden Bedarf der DDR an Wolfram. Nach neuesten Untersuchungen sind die Wolframerzvorkommen des Erzgebirges und Vogtlandes keinesfalls auf die Quarz-Wolframitgänge beschränkt, sondern die Rohstoffbasis kann durch zielstrebige Such- und Erkundungsarbeiten zweifelsohne erweitert werden. Dies findet durch die Entdeckung von scheelitführenden Skarnen im Januar 1962 im Vogtland durch die Verf. seine Bestätigung.

Die bisherigen Erfahrungen zeigen, daß häufig in solchen Gebieten, in denen bisher nur die Quarz-Wolframitgänge als wirtschaftlich nutzbare Wolframlagerstätten bekannt waren, jetzt die Skarn-Scheelit- und Skarn-Molybdän-Scheelitlagerstätten ständig an Bedeutung zunehmen und sowohl die Vorratsbilanz als auch die Wolframgewinnung in einer Reihe von Skarnlagerstätten die der Quarz-Wolframitfolge zugehörenden übertreffen (Tirni-aus, Koitasch, Langar in der UdSSR; eine Reihe von Lagerstätten in der VR China u. a.).

Zur Geologie des Gebiets der scheelitführenden Skarne

Das Gebiet der scheelitführenden Skarne liegt im Vogtland ca. 7 km östlich der Stadt Plauen (Abb. 1). Die in diesem Gebiet auftretenden silurischen Quarz-Glimmerschiefer bilden den Südflügel der Vogtländischen Mulde. Unter Einwirkung des Bergener Granitmassivs wurden die Schiefer durch die Kontaktmetamorphose in Gesteine unterschiedlicher Zusammensetzung umgewandelt. Der Einfluß der Kontaktmetamorphose auf die Gesteine wird bis zu 2 km vom Massiv entfernt beobachtet und nimmt mit Annäherung an den Granit zu.

Die Zusammensetzung der Gesteine in der äußeren Zone der Kontaktaureole ähnelt derjenigen der gewöhnlichen Quarz-Serizitschiefer und unterscheidet sich nur durch einen bis zu 10% ansteigenden Biotitanteil. In geringen Mengen treten Andalusit, Cordierit und Turmalin auf. In der 300—400 m mächtigen, unmittelbar am Granitkontakt liegenden Zone ist das Gestein in Biotit-Cordierit- und Andalusitschiefer umgewandelt. Die Verquarzung und Serizitisierung ist unterschiedlich. In Abhängigkeit vom Ausgangsgestein enthalten die Gesteine der kontaktnahen Zone 10—25% Biotit, 10—70% Andalusit, bis zu 40% Cordierit, 5—25% Quarz, geringe Mengen Turmalin, Albit, Muskovit, Serizit, Chlorit und einzelne Einsprenglinge von Erzmineralien. Unmittelbar am Granitkontakt beobachtet man eine geringmächtige, aus Andalusit-Cordierithornstein bestehende Zone.

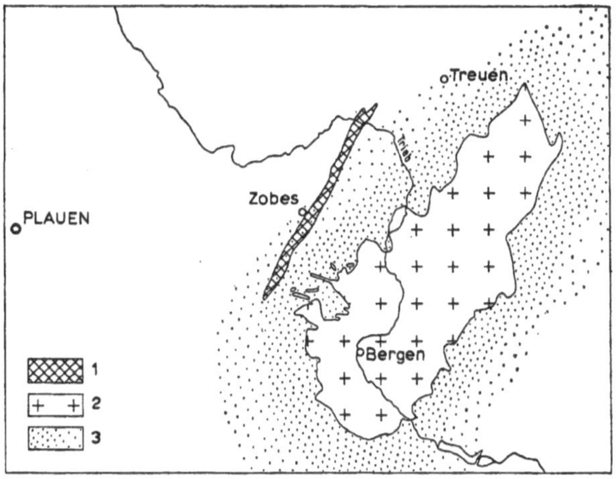

Abb. 1
1 — Skarnhorizont; 2 — Granit; 3 — Kontaktaureole

In den Quarz-Serizitschiefern und im Biotit-Cordierit-Andalusithornsteinfels ist ein kohlenstoffhaltiger Schieferkomplex mit verskarntem Kalkstein eingelagert. Die Mächtigkeit des kohlenstoffhaltigen Schieferkomplexes liegt zwischen 50 und 70 m mit einer streichenden Erstreckung (SW–NE) von ca. 5 km und einem Einfallen von 50—65° nach NW. Der verskarnte Kalkstein tritt im kohlenstoffhaltigen Schiefer in Form einer Serie von etwa 300—400 m langen und 15—20 m mächtigen Linsen auf. Im Hangenden des kohlenstoffhaltigen Schiefers lagert ein flözartig auftretender stark veränderter Diabaskörper von 25—70 m Mächtigkeit (Abb. 2).

[1]) Eingang des Manuskripts in der Redaktion: 13. 9. 1962

Die Scheelitvererzung ist an verskarnte Partien innerhalb der Kalksteine und an verskarnte Diabase gebunden.

In den wolframitführenden Skarnen des Vogtlands wurde der Scheelit mittels UV-Licht einer Quarz-Quecksilberlampe zunächst an einigen Stellen beobachtet. Als UV-Lichtquelle wurden kleine transportable netzunabhängige Geräte für den Grubenbetrieb gefertigt.

Unter Einwirkung ultravioletten Lichts mit einer Wellenlänge von 200—300 nm fluoresziert reiner Scheelit intensiv hellblau und wechselt mit zunehmenden Molybdängehalten die Farbe über weiß bis hellgelb. Die Intensität der Fluoreszenz bei molybdänreichen Mineralen (Molybdoscheelit) ist im Vergleich zum Scheelit bedeutend geringer und nur in vom Licht abgeschirmten Räumen zu beobachten.

Aufbau und mineralogische Zusammensetzung des verskarnten Gesteinskomplexes

Der Aufbau und die Zusammensetzung der verskarnten Gesteinszonen ist äußerst unterschiedlich und einerseits von der Zusammensetzung des Ausgangsgesteins, andererseits vom Grad des Skarnbildungsprozesses abhängig. Es wurden zwei Skarnzonen mit unterschiedlicher Schichtabfolge untersucht (vom Liegenden zum Hangenden):

Zone I:

1. Biotit-Andalusit-Cordierithornfels
2. Pyroxen-Plagioklashornfels (Mächtigkeit 15 m)
3. Skarn und verskarnter Marmor (Mächtigkeit 3—5 m)
4. Diabase

Zone II:

1. Biotit-Andalusit-Cordierithornfels
2. Verskarnter Hornfels (Mächtigkeit 1,5 m)
3. Skarne (Mächtigkeit 1 m)
4. Verskarnter Marmor (Mächtigkeit 20 m)
5. Kohlenstoffhaltiger Schiefer

In beiden Zonen kann man innerhalb der Skarngesteine folgende Varietäten entsprechend ihrer mineralischen Zusammensetzung erkennen:

1. Diopsid-Granat-Vesuvian-Wollastonitskarne;
2. Pyroxenskarne;
3. vorwiegend Granatskarne;
4. Pyroxen-Granatskarne mit Scheelit;
5. Granat-Vesuvianskarne mit Scheelit;
6. Granat-Vesuvianskarne mit Scheelit und Sulfiden.

Alle Granatvarietäten sind untereinander genetisch verbunden, und die mineralogische Zusammensetzung ist abhängig vom Grad des Skarnbildungsprozesses. Im Frühstadium bildeten sich unmittelbar in den Marmorbänken die Diopsid-Granat-Vesuvian-Wollastonitskarne. Diese Skarne sind als konkordante Bänder und Linsen ausgebildet. Die Randzonen der Marmorbänke sind von den Skarnen der vorstehend angegebenen Zusammensetzung verdrängt worden. Im Marmor zeigen die Skarnbänder einen zonaren Bau, der eine bestimmte Reihenfolge der Mineralbildung widerspiegelt. Der zentrale Teil des Skarnkörpers besteht aus Vesuvian. Diesem folgen dann, symmetrisch angeordnet, die Granat- (in den Granatbändern ist wenig Diopsid vorhanden) und Wollastonitbänder. In den Randzonen der Bänder beobachtet man Verdrängungen des Granats durch Vesuvian. Wollastonit und Diopsid werden vom Granat verdrängt. Im Vesuvian sind kleine Epidottrümer verbreitet, in denen man häufig xenomorphe Abscheidungen vom Quarz feststellen kann.

Ein weiteres Ausgangsgestein für die Skarnbildung ist der Pyroxen-Plagioklashornfels, der im Liegenden des Marmors in Wechsellagerung mit dem Biotithornfels und teilweise mit dem Marmor auftritt. Mit zunehmender Entfernung vom Skarn-Marmorkomplex verlieren die Pyroxen-Plagioklas-Hornfelsschichten ihre Bedeutung für die Skarnbildung und wechseln allmählich in Biotit-Andalusit-Cordierithornfels über.

Der Pyroxen-Plagioklashornfels besteht aus feinkörnigen serizitisierten Plagioklasaggregaten und vereinzelt auftretenden Körnern von Salit. Die Bestimmung der Zusammensetzung des Plagioklases ist durch den stark ausgeprägten Prozeß der Serizitisierung nicht möglich. Bei dem in unmittelbarer Nachbarschaft liegenden Biotithornfels jedoch zeigt der Plagioklas annähernd albitische Zusammensetzung. Der Albit zeigt auch unmittelbar am Kontakt zum Pyroxen-Plagioklashornfels keine Umwandlungserscheinungen, und nur der Biotit ist in einer am Kontakt liegenden schmalen Zone chloritisiert. Die ungewöhnliche Nachbarschaft des Salits neben Albit kann nur von der ursprünglich unterschiedlichen Zusammensetzung der Ausgangsgesteine her erklärt werden, die durch den Prozeß der Kontaktmetamorphose zu Biotit- und Pyroxen-Plagioklashornfels umgewandelt wurden. Als Ausgangsgestein sind Mergel und toniger Sandstein anzunehmen. Wahrscheinlich trat auch kein beträchtlicher Austausch von Komponenten innerhalb der einzelnen Schichten auf.

Die ersten Anzeichen der Verskarnung im Pyroxen-Plagioklashornfels beobachtet man in konkordant eingelagerten, grobkörnig ausgebildeten Schichten, die von uns als Pyroxenskarne angesprochen werden. In ihrer mineralogischen Zusammensetzung sind sie mit Pyroxen-Plagioklashornfels identisch. Der Salit jedoch ist in größeren Täfelchen ausgebildet, die aus einzelnen einheitlich orientierten Körnern bestehen und teilweise durch serizitisierten Plagioklas voneinander getrennt werden. Die Struktur dieser Gesteine zeugt von einer Sammelkristallisation des Pyroxen-Plagioklashornfelses in der Periode eines frühen Stadiums der Skarnbildung.

Mit dem fortschreitenden Prozeß ist die Bildung eines hellbraunen Granats verbunden, der im Bereich geringmächtiger Streifen innerhalb der Pyroxenskarne den Plagioklas verdrängt. An den Granatstreifen sind symmetrisch geringmächtige grobtaflige pyroxenreiche Zonen angeordnet (zuweilen mit Epidot), die in oben beschriebenen umkristallisierten Pyroxen-Plagioklashornfels übergehen.

Mächtigere flözartige Körper, die hauptsächlich aus Granat bestehen, liegen in der Nähe der Marmorbänke. Sie bildeten sich ebenfalls im Verlauf der Verdrängung des Pyroxen-Plagioklashornfelses durch Granat. Der Vesuvian spielt als Verdränger eine untergeordnete Rolle. In ihrem Äußeren bestehen die massiven Aggregate aus hellbraunem Granat, der verschiedentlich durch undeutlich begrenzte grüne streifenförmig angeordnete Mineralaggregate durchbrochen wird. Die Zusammensetzung der grünen Streifen entspricht etwa der des umkristallisierten Pyroxen-Plagioklashornfelses. Im massiv ausgebildeten Granat beobachtet man mikroskopische Pyroxen- und Spheneinschlüsse. Die Einschlüsse sind

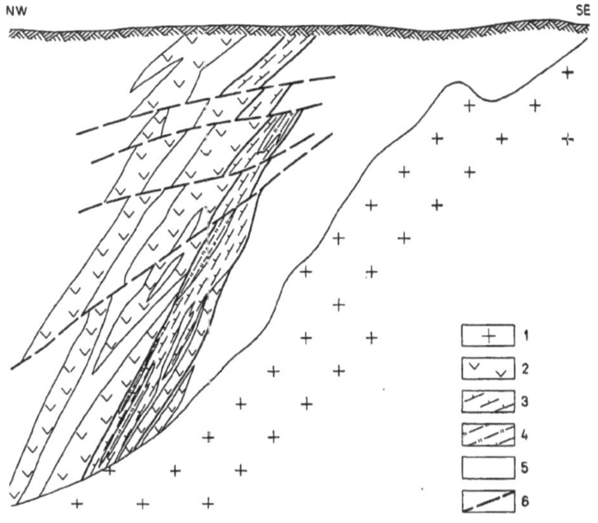

Abb. 2

1 – Granit; 2 – Diabase; 3 – Skarnkörper; 4 – Kohlenstoffschiefer; 5 – Biotit-Cordierit-Andalusitschiefer, Hornfels, Serizitschiefer; 6 – tektonische Störungen

sehr häufig in Schnüren angeordnet und weisen auf die primäre Bänderung des Pyroxen-Plagioklashornfelses hin. Auch linear angeordnete Granatzonen, die im Streichen plötzlich stumpf enden und sich als Pyroxen-Plagioklashornfels fortsetzen, erinnern an derartige Primärtexturen. Der Plagioklas des Hornfelses wird dabei von Granat verdrängt, wohingegen aber der Pyroxen und Sphen in den Schnüren erhalten bleiben. Der Vesuvian bildete sich in den Skarnen etwas später aus und ist als Resultat der metasomatischen Verdrängung des Granats anzusehen.

Das beschriebene Stadium der Skarnbildung tritt zusammen mit „schwebenden" tektonischen Störungen auf, durch die die Granatskarne zertrümmert werden. Auf den dadurch neugebildeten Klüften drangen neue Lösungen in die Granatskarne ein. Mit ihnen begann die Bildung des Granat-Vesuvianskarnes mit Scheelit. Diese Skarne assoziieren sehr eng mit den beschriebenen Granatskarnen und liegen ebenfalls in der Nähe der Marmorbänke oder in der Fortsetzung der verskarnten Gesteinszonen. Die Zusammensetzung der Skarne ist nicht einheitlich und wird durch zwei Mineralkomplexe charakterisiert, die auf unterschiedliche Skarnbildungsprozesse deuten. Einer dieser Mineralkomplexe führt hellbraunen isotropen Granat und Vesuvian mit einer großen Anzahl von Pyroxeneinschlüssen. Dieser Komplex bildete sich aus dem Pyroxen-Plagioklashornfels. Zur zweiten Gruppe gehören die eigentlichen Granat-Vesuvianskarne, die aus grobtafligem Vesuvian, rosa anisotropem Granat und Scheelit bestehen. Die Bildung dieser Skarne, zum Unterschied von den Granatskarnen, begann mit der Bildung von grobtafligem Vesuvian, der den isotropen Granat resorbierte. Daraus folgt, daß sich der Vesuvian durch Verdrängung der Granatskarne bildete. Der anisotrope Granat liegt zwischen den Vesuviankristallen und hat sich später gebildet. Der Scheelit liegt einmal in Form von Einsprenglingen im grobtafligen Vesuvian vor und assoziiert zum anderen auch mit dem anisotropen Granat. In beiden Fällen sind die Körner des Scheelits in den Größenordnungen von 0,1—0,5 mm bis 1—2 mm isometrisch ausgebildet. Der Scheelitgehalt des Gesteins beträgt einige Prozent.

Die Granat-Vesuvianskarne mit Sulfiden unterscheiden sich in ihrer Zusammensetzung bis auf die Sulfide nicht von den obenbeschriebenen Granat-Vesuvianskarnen. Von besonderem Interesse an diesen Skarnen ist der hohe, bei etwa 15% liegende Anteil der Sulfide. Den Hauptanteil bildet dabei der Sphalerit, in untergeordneten Mengen treten Chalkopyrit, Pyrit und Magnetit auf. Die Scheelitkonzentration ist relativ hoch und erreicht in besonders angereicherten Skarnpartien bis zu 5% des Gesteinsvolumens.

Mit der Herausbildung der Skarne im Marmor und im Pyroxen-Plagioklashornfels bildeten sich Epidot, Chlorit und Quarz. Am häufigsten treten diese drei Minerale in den Granat-Vesuvianskarnen auf. Durch ihre Verquarzung sind diese Skarne als stark quarzführendes Gestein zu betrachten und enthalten darüber hinaus als Einschlüsse Granat, Vesuvian, Pyroxen, Scheelit und andere Minerale.

Als drittes Gestein, das bei der Skarnbildung eine Rolle spielte, ist der amphibolisierte Diabas zu nennen. In seiner unveränderten Form ist dieses Gestein nicht mehr vorhanden. Jedoch erkennt man seine Zugehörigkeit zu den Diabasen am Auftreten typischer lokaler Diabasstrukturen bei Andesinaggregaten. Auch die Ähnlichkeit der chemischen Zusammensetzung im Vergleich zu den Diabasanalysen von DALY spricht für eine solche Annahme. Die intensive Amphibolbildung der Diabase ist aller Wahrscheinlichkeit nach mit der Auffaltung und der Regionalmetamorphose in Verbindung zu bringen. Bedingt durch die vorstehend erwähnten Prozesse und durch die Kontaktmetamorphose bildeten sich Gesteine, die im wesentlichen aus Hornblende, Biotit, Andesin, Chlorit und Erzmineralen bestehen. Die Struktur ist häufig knotig, der des Hornfelses ähnlich.

In der Kontaktnähe zum Skarn ist der Biotit in den umgewandelten Diabasen zerstört, und es treten strahlige Aktinolithaggregate und Sphen auf. Der Plagioklas ist zu größeren leistenförmigen Aggregaten umkristallisiert. Die so veränderten Diabase wurden am Kontakt zum Marmor von Granat und Granat-Vesuvianskarnen verdrängt, die beträchtliche Scheelitkonzentrationen aufweisen. Die Reihenfolge der Bildung und die mineralogische Zusammensetzung dieser Gesteine ist analog der der Skarne, die aus Pyroxen-Plagioklashornfels entstanden.

Am Kontakt vom Marmor zum Biotit-Andalusit-Cordierithornfels bildeten sich ebenfalls scheelitführende Skarne, wobei der größte Teil der letzteren durch Verdrängung des Hornfelses gebildet wurde und nur ein unbedeutender Teil Marmor verdrängte. Wie auch in den vorher beschriebenen Fällen der Verskarnung der Hornfelse und Bildung der Skarne sind auch hier vier Bildungsstadien zu beobachten, die durch die Mineralassoziationen in den Skarnen und Veränderungen am Exokontakt der Hornfelse gut zu bestimmen sind.

Während des ersten Stadiums kam es zu einer Veränderung des Hornfelses in einer Zone von ca. 1,5 m. Die Veränderung drückt sich in einer völligen Serizitisierung des Plagioklases, des Cordierits und des Andalusits aus. Der Biotit dieser Zone wurde amphibolisiert. Unmittelbar am Kontakt zu den Skarnen ist er in Pyroxen umgewandelt. Mit dem Pyroxen assoziieren große Scheelitkörner. Die serizitisierten Minerale, die die Zwischenräume zwischen Pyroxen und Scheelit ausfüllen, sind im Bereich der Skarnzone von Granat verdrängt. Bei diesem Verdrängungsprozeß bildeten sich Granat-Pyroxenskarne mit Scheelit. Man findet aber darin noch Relikte des serizitisierten Plagioklases, der nach der Bildung der Granate größtenteils von Karbonaten, später dann von Epidot verdrängt wurde. Zeitlich parallel gingen tektonische Bewegungen einher, die zu einer Aufschieferung der veränderten Hornfelse und Zertrümmerung des Granat-Pyroxenskarnes führten.

Während des zweiten Verskarnungsstadiums bildeten sich auf den Schieferflächen des veränderten Hornfelses eine ganze Anzahl geringmächtiger (2—3 mm) Trümer und linsenförmiger Abscheidungen mit grobkristallinem Biotit und Aktinolith mit Scheeliteinsprenglingen, Pyrit und Apatit. In einigen Fällen beobachtet man im Scheelit Wolframiteinschlüsse. Der Scheelit tritt neben den beschriebenen Trümern auch in serizitisiertem Hornfels auf und bildet dort Körner bis zu 3 mm. Die Wolframkonzentration in den veränderten Hornfelsen beträgt bis zu einigen Prozenten.

In der Schieferungsrichtung der veränderten Hornfelse ist der Biotit bänderförmig angereichert. Der Plagioklas, der unmittelbar in der Nähe der Biotitbänder liegt, ist relativ sauer (Albit-Oligoklas) und zu grobkörnigen serizitfreien Aggregaten umkristallisiert. Alle angeführten Fakten zeugen von einem alkalischen Charakter der Lösung des zweiten Mineralisationsstadiums. Die Lösungen drangen in einzelnen Fällen weit in die hangenden Gesteine der Skarne ein, und an den veränderten Diabasen beobachtet man noch einzelne, in der Regel 5—10 mm mächtige Trümer, bis zu 40 m vom Skarn entfernt. An den Salbändern lagerte sich Kalzit und im zentralen Teil Scheelit, Biotit, Pyrit und Apatit ab. Nach tektonischen Bewegungen bildeten sich an den Salbändern asymmetrische Chlorit-Quarzzonen, die bereits zum folgenden Mineralisationsstadium gehören. Neben den Trümern beobachtet man im Diabas linsenförmige Biotitnester mit dichter Scheelitimprägnation. Die Scheelitkörner haben im Durchschnitt eine Größe von 2—5 mm. In einem dieser Nester, die aus grobblättrigem Biotit bestehen, wurde ein Scheelitkristall von 5 cm Durchmesser und 8 cm Länge gefunden.

In Skarnen, die sich aus Hornfels bildeten, sind anisotroper Granat, Vesuvian, Scheelit, Aktinolith, Pyrit, Chalkopyrit, Sphalerit und Karbonate als typische Vertreter des zweiten Mineralisationsstadiums verbreitet. In dieses Stadium gehört auch Molybdänit in Granat-Pyroxenskarnen, deren Genese noch ungeklärt ist.

Zum dritten Stadium gehören Chlorit und Epidot, die in den beschriebenen Bildungsprozessen in Trümern oder als Umwandlungsprodukt der gesteinsbildenden Minerale auftreten.

Im vierten Stadium bildete sich Quarz, der einzelne Partien der Skarne, der veränderten Hornfelse und der Gangminerale metasomatisch verdrängte. Somit erweisen sich das erste und das zweite Mineralisationsstadium als wolframführend. Mit diesen Stadien ist die Bildung der Hauptmasse der Skarne verbunden.

Schlußfolgerungen und Perspektiven für die Sucharbeiten von scheelitführenden Skarnen im Vogtland und anderen Gebieten des Erzgebirges

Das vorläufig untersuchte Material aus den scheelitführenden Skarnen des Exokontaktes des Bergener Granitmassivs gestattet es, wichtige Schlußfolgerungen zu ziehen, die für die praktische Arbeit von Bedeutung sind.

1. Die Ausgangsgesteine für die Skarnbildung waren Marmor, Pyroxen-Plagioklashornfels, Biotit-Andalusit-Cordierithornfels und verkieselte Diabase, d. h. Gesteine, die von der Kontaktmetamorphose übergeprägt worden sind. Daraus kann man schlußfolgern, daß der Prozeß der Skarnbildung nach der Kontaktmetamorphose stattfand und die pneumatolytisch-hydrothermale Phase des Granitmassivs darstellt.

2. Die Skarnbildung vollzog sich in der Reihenfolge der Bildung der Pyroxen-Granatskarne, der Granat-Vesuvianskarne, der Chloritisierung und der Verquarzung. Die Scheelitvererzung ist genetisch an die ersten beiden Stadien gebunden, die Bildung der Pyroxen-Granatskarne und der Granat-Vesuvianskarne, im Bereich derer wirtschaftlich interessante Wolframkonzentrationen auftreten. Die scheelitführenden Trümer in den veränderten Diabasen bildeten sich im zweiten Mineralisationsstadium.

Ausgehend von der oben dargelegten Ansicht über die Entstehung der Skarne und die genetische Beziehung des Scheelits zu den Skarnen kann das angegebene Gebiet als höffig und für Such- und Schurfarbeiten auf Wolfram geeignet angesehen werden. Zur Kontrolle der Schlußfolgerungen der Verf. aus ihren Untersuchungen wurden Revisionsarbeiten auf Halden alter Schächte durchgeführt, die mit ihren Auffahrungen Skarnkörper durchörtert oder aufgeschlossen haben. Im Resultat dieser Revisionsarbeiten wurde festgestellt, daß außer der beschriebenen Lagerstätte im Bereich des Bergener Granits besonders die Skarne im Gebiet Schwarzenberg scheelitführend sind (Antonsthal, Fortuna-Schlegel-Schacht). Bei Lauter wurde sogar Seyrigit in beträchtlichen Mengen festgestellt. Die Molybdängehalte in diesem Mineral sind nicht bedeutend.

Die Perspektive für Such- und Schürfarbeiten ist mit diesen einzelnen Funden längst noch nicht erschöpft, denn eine große Anzahl von Skarnkörpern des Erzgebirges, des Vogtlandes und anderer Gebiete der DDR wurden unter diesen Gesichtspunkten noch nicht untersucht. Bei der Feststellung der Wirtschaftlichkeit des Skarn-Scheelittyps der Wolframerze sollte man sich in erster Linie auf die beschriebene, im NW des Exokontaktes des Bergener Granitmassivs liegende Lagerstätte orientieren, weil dort die wirtschaftlich nutzbare Wolframkonzentration auf größere Entfernungen in der Skarnzone erschlossen ist. Die Zusammensetzung der Erze gestattet es, mittels eines effektiven Aufbereitungsschemas das Material relativ billig zu verarbeiten. Die von den Verf. durchgeführten Aufbereitungsversuche zeigten, daß bei einem Ausbringen von ca. 90% noch ein Konzentrat von über 50% erhalten wird. Neben dem Scheelit treten noch andere, bei der Aufbereitung gewinnbare wertvolle Komponenten wie Molybdän, Kupfer, Zink und seltene Elemente auf.

Zusammenfassung

Es wird ein für unsere Republik neuer Wolframlagerstättentyp beschrieben, der in den scheelitführenden Skarnen von Zobes im Januar 1962 entdeckt wurde. Zweifelsohne hat diese Scheelitlagerstätte durch ihre Parameter eine große volkswirtschaftliche Bedeutung. Es konnte nachgewiesen werden, daß der Skarnbildungsprozeß nach der Kontaktmetamorphose stattfand. Von den vier Skarnbildungsstadien zeigen nur die ersten beiden wirtschaftlich interessante Wolframkonzentrationen. Ausgehend von den durch die Untersuchung gewonnenen Erkenntnissen ergibt sich, daß dieser Lagerstättentyp auch noch an anderen Stellen des Erzgebirges und Vogtlandes zu erwarten ist. Dies findet durch eine Reihe von Revisions- und Schürfarbeiten der SDAG Wismut seine Bestätigung. Nach Abschluß der geschilderten Erkundungsarbeiten wurde mit einem Schurf bei Tirpersdorf im Oktober 1962 in einer Teufe von nur 8 m ein stark scheelitführender Erzkörper angefahren, der Gegenstand weiterer Untersuchungen ist.

Резюме

Описывается новый для нашей Республики тип вольфрамовых месторождений, открытый в шеелитоносных скарнах около Цобес в январе 1962 года. В связи с его параметрами, это месторождение шеелита без сомнения имеет большое народнохозяйственное значение. Удалось доказать, что процесс скарнирования имел место после контактового метаморфизма. Наблюдаются четыре стадии скарнирования, из которых только две первые создали промышленные концентрации вольфрама. На основе полученных при исследовании познаний можно делать вывод, что этот тип месторождений следует ожидать еще в других местах Рудных Гор и Фогтланда. Это подтверждается рядом ревизионных и шурфовых работ советско-немецкого акционерного общества „Висмут". После окончания описанных разведочных работ с помощью шурфа около Тирперсдорф в октябре 1962 года в небольшой глубине в 8 м было открыто рудное тело с сильной шеелитоносностью; оно является предметом дальнейших исследований.

Summary

A type of tungsten deposit new to our Republic was discovered in the scheelite-bearing skarns of Zobes in January 1962 and is described. On account of its parameters this scheelite deposit will doubtlessly play an important economic part. It could be shown that the process of skarn formation took place subsequent to contact metamorphism. Only the two first of the four stages of skarn formation show economically interesting concentrations of tungsten. From the knowledge obtained by the investigation follows that this type of deposit can also be expected in other places of the Erzgebirge and the Vogtland, as is confirmed by a number of revision and prospecting works carried out by SDAG Wismut. After terminating the reconnaissance works described, a large scheelite-bearing ore body was discovered in an opening near Tirpersdorf in October 1962 at a depth of 8 metres only, and has been made the subject of further investigations.

Literatur

BECK, B.: Die Erzlagerstätten der Umgebung von Marienberg. — Sächs. Jahrb., 63—133 (1912).
OELSNER, O.: Die erzgebirgischen Granite, ihre Vererzung und die Stellung der Bi-Co-Ni-Formation innerhalb dieser Vererzung. — Geologie, 7, 3—6, 682—701, Berlin 1958.
— Die Abhängigkeit der Paragenese erzgebirgischer Lagerstättenbezirke vom Intrusionsalter der zugehörigen Granite. — Freiberger Forsch.-H. C 3, H. 8, 24—34 (1952).
— Pegmatitisch-pneumatolytische Lagerstätten des Erzgebirges mit Ausnahme der Kontaktlagerstätten, 1952.
WERNICKE, F., & E. O. TEUSCHER: Neue vogtländische Wolframitlagerstätte von Pechelsgrün bei Lengenfeld. — Z. DGG, 88 (1936).

Ursachen für die nichthorizontale Lage der Wasser-Öl-Kontakte [1]

K. B. ASCHIROW

Umfangreiche Untersuchungen nichthorizontaler Öl-Wasser-Kontakte wurden von V. P. SAWTSCHENKO (1952, 1953) und im Ausland von W. L. RUSSELL (1956) und M. KING HUBERT (1953) durchgeführt. Sie gelangten zu dem Schluß, daß die Neigung der Kontakte durch die Bewegung der Schichtwässer hervorgerufen wird, obgleich auch andere Ursachen nicht ausgeschlossen sind.

Erklärt man die Neigung der Kontakte mit dem Abfluß der Wässer, so verlangt das natürlich, daß man diesen Wässern in der Fließrichtung eine hohe Migrationsgeschwindigkeit zugesteht. Manche Wissenschaftler erklären daher das Fehlen des Öls in einzelnen Strukturen entweder damit, daß das Öl von den Wässern, die sich mit einer Geschwindigkeit oberhalb der „kritischen" bewegen, restlos ausgewaschen wurde, oder mit der Unmöglichkeit für das Erdöl, sich in den „durchspülten" Fallen zu akkumulieren.

Über die Richtung und die Geschwindigkeiten des Abflusses der Wässer bestehen widersprüchliche Ansichten. A. I. SILIN-BEKTSCHURIN (1959) nimmt z. B. an, daß der Abfluß vom Ural nach dem Westen zum Tal der Wolga erfolgt. M. I. SAJDELSON (1957) nimmt ebenfalls eine Bewegung der Wässer des Unterkarbons vom Ural her an, aber innerhalb des Gebietes Kuibyschew nach N und NW, während die Wässer im Devon von NW nach SE fließen sollen usw.

Die Hydrogeologen nehmen eine sehr hohe Abflußgeschwindigkeit der Wässer an. M. S. KAWEJEW & B. W. WASSILJEW (1956) nehmen sie auf der Lagerstätte Romaschkino in der Schicht D_1 mit 9,125 cm/Jahr (oder 100 km in 1,1 Millionen Jahren) an und von Romaschkino nach Bawly mit 12,77 cm/Jahr (oder 100 km in 0,8 Millionen Jahren). Nach A. I. SILIN-BEKTSCHURIN beträgt die Geschwindigkeit des Abflusses in der Schicht B_2 im Bereich Stawropol-Saborowska 100 km in 0,5 bis 0,8 Millionen Jahren, und nach M. I. SAJDELSON erreichen die Abflußgeschwindigkeiten 5—20 cm/Jahr (oder 50—200 km in 1 Million Jahren).

Zum Beweis dessen, daß die genannten Geschwindigkeiten zu Unrecht angenommen werden, betrachten wir die von uns abgelehnte Variante des Abflusses vom Ural.

Die am stärksten stagnierenden metamorphosierten Schichtwässer folgen der östlichen Hälfte der Provinz, und das widerspricht einem regionalen Abfluß vom Ural her. Sogar wenn man eine minimale Geschwindigkeit von 5 cm/Jahr annimmt, so mußte in der Zeit seit dem oberen Paläozoikum, d. h. seit 250 Millionen Jahren, der Weg des Wassers 12500 km betragen. Aber da die Provinz insgesamt nur 500 km breit ist, hätten in dieser Zeit die Sedimente des Paläozoikums 25mal durchspült werden müssen, bei maximaler Geschwindigkeit (20 cm/Jahr) sogar 100mal. Wie konnten unter solchen Verhältnissen stagnierende, mineralisierte Wässer erhalten bleiben?

[1] Aus: Geologija nefti i gasa, H. 12, S. 39—42 (1961). Übers.: W. OESTREICH

Wie ist aber nun die Abflußrichtung der Wässer im mittleren Wolgagebiet?

Bekanntlich sind im Westen im Scheitel von Tokmow die Wässer des Perms und des Karbons ausgesüßt, und die Aussüßung der Wässer des Devons hat begonnen. Die Zunahme der Mineralisation der Wässer vom Tokmowsker Gewölbe nach Osten zum Tatarischen Gewölbe und längs des Gewölbes von Shigulewsk weisen zweifellos auf die Richtung des Abflusses hin. Daher kann man das Stagnieren der Wässer des Devons und des Unteren Karbons im Tatarischen Gewölbe mit ihrem Stau durch den Tokmowsker Abfluß vom Westen her und wahrscheinlich durch den Uralabfluß vom Osten her erklären. Der Einfluß des letzteren macht sich, nach der Art der Veränderung der Mineralisation der Wässer zu urteilen, bis zum Längengrad von Tarchanow bemerkbar.

Auf der Basis der aufeinandertreffenden Hauptabflüsse — des westlichen (Tokmowsker) und des östlichen (vom Ural her), welche durch einen Gürtel von Einsenkungen gebildet werden (die Einsenkungen von Melekes, Sergijewsk und Abdulinsk) — erfolgt ein Abfließen der Wässer nach Süden in der Senke von Uljanowsk—Saratow, der Einsenkung von Kamsk—Kinel, der vermuteten meridional verlaufenden Senke bei Tarchany und in der Vorural-Depression (Abb. 1).

An den Rändern der durch Klüftung und Brüche komplizierten Gewölbe und Wälle erfolgt eine Entlastung der Wässer und eine vertikale Migration des Erdöls von Feldern der Erdölbildung in den lokalen Senken.

Zum Verständnis der Ursachen für die Neigung der Kontakte ist zu berücksichtigen, daß die Hauptetappe der Bildung von Strukturen und die effektive Migration der Fluida mit der alpidischen Tektogenese zusammenhängen, als sich Brüche und auftrümernde Klüftung bildeten, welche die Bedingungen für die Entlastung und folglich für die Migration schufen. Bis dahin war der Abfluß der Wässer offenbar ganz verschwindend gering, da das für die Bildung des Abflusses günstige Gewölbe von Tokmow ebenfalls endgültig erst durch die alpidische Tektogenese entstand.

Alle genannten Momente sind für die Entstehung der Erdöllager entscheidend, deren junges geologisches Alter, wie wir später noch sehen werden, auch das Auftreten geneigter Kontakte bestimmt.

Wir wollen nun die Ursachen für das Auftreten geneigter Wasser-Öl-Kontakte in den einzelnen Bereichen analysieren.

In Romaschkino befindet sich das Niveau des Wasser-Öl-Kontakts des devonischen Lagers D_1 im NE bei —1480 bis —1482 m, im S und SW bei —1489 bis —1490 m (Abb. 2).

Die Neigung dieses Kontakts kann man hier nicht mit dem Abfluß von NE erklären. Wahrscheinlicher ist die Stauung durch das Gewölbe von Tokmow, wodurch im Devon ausgeprägt stagnierende Verhältnisse entstanden. Außerdem werden im N und E die Sandsteine der Schicht D_1 durch Tone und Aleurolite ersetzt, was die Möglichkeit ausschließt, daß seitens des schwachdurchlässigen Bestegs ein Druck entstand, der in der Lage war, das ungeheure Lager nach SW zu drängen.

A. I. SHELONKIN (1961) stellte in Romaschkino interessante Veränderungen der Erdölqualität fest. Wie gewöhnlich besteht hier die Gesetzmäßigkeit, daß die leichten Öle im Scheitel und die schwereren an den Flanken auftreten. So beträgt die Dichte des Scheitelöls 0,860, die des Flankenöls 0,870. Dementsprechend ändert sich die Viskosität des Erdöls im Lager von 2,4 auf 4,2 Centipoise, das GÖV in der Lagerstätte von 65 auf 39 m^3/t, der Sättigungsdruck von 96,5 auf 79 at.

Auf der Südflanke verbessert sich die Qualität des Öls plötzlich. Seine geringste Dichte beträgt 0,854, seine Viskosität 2,2 Centipoise, das GÖV ist 71 m^3/t, der Sättigungsdruck 94 at.

Nach den Angaben von G. W. KOSTRJUKOW & A. D. GOLIKOW (1960) beträgt auf der Fläche des Lagers, reduziert auf die Einheitsfläche, die Schichttemperatur 35—38°, auf der südlichen Flanke aber 42°, was anomal ist, da durch die Angaben des Tatarischen Erdölforschungsinstitut (TatNII) nachgewiesen wurde, daß ein Abkühlungseffekt beim Einpumpen von Wasser in der Schicht nicht vorhanden ist.

Die erwähnten Fakten sprechen dafür, daß die Neigung des Kontakts nicht mit einer Verdrängung des Lagers durch den Abfluß von N her zusammenhängt, sondern mit einer später erfolgten Neubildung am steilen Südflügel unter dem Einfluß des Abflusses von Tokmow, der Anteile frischen Erdöls zuführte. Die innerhalb der Schicht erfolgte Entlastung längs des steilen Flügels wird durch die höhere Schichttemperatur bestätigt, die durch den Zustrom von Wasser und Öl aus den benachbarten Depressionen bedingt ist.

In der Schicht D_1 von Bawly ist der Wasser-Öl-Kontakt nach S vom Niveau —1488 bis —1490 m gedrängt worden. Im N verschlechtern sich hier ebenfalls die Speichereigenschaften der Schicht plötzlich. Daher kann man die Versetzung des Lagers nicht durch den Druck des nördlichen Abflusses deuten.

Berechnungen zeigen, daß für die zu beobachtende Versetzung des Lagers ein Abfluß mit einer Geschwindigkeit von 4,4 cm/Jahr erforderlich ist. Es wurde jedoch bereits die Irrealität derartiger Geschwindigkeiten bewiesen, und der stark stagnierende Charakter der Wässer von Bawly schließt einen aktiven Wasseraustausch aus.

Auf der südlichen Flanke wurde in der außerhalb des Lagerstättenumrisses gelegenen Bohrung 11 eine Erdölsättigung der Bohrkerne 100 m unterhalb des Lagerniveaus festgestellt. Man kann das als Spuren einer Migration von S her aus der benachbarten Depression betrachten.

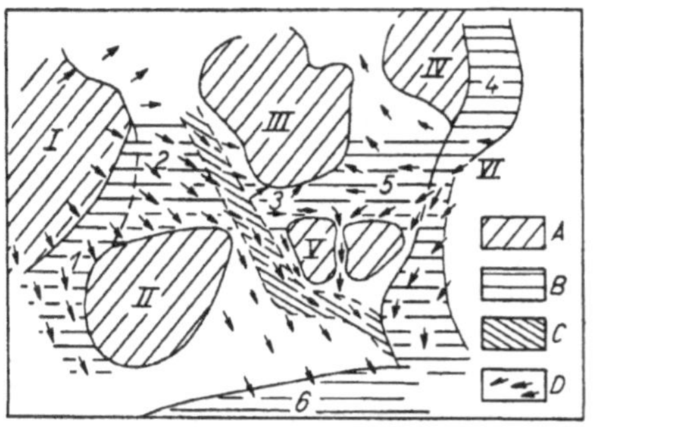

Abb. 1. Schema der Fließrichtung der Schichtwässer in den Ablagerungen des Devons und unteren Karbons

A — Kuppeln: I — von Tokmow, II — von Shigulewskoje, III — Tatarische, IV — Baschkirische, V — begrabene Orenburger, VI — gefalteter Ural;
B — Senken: 1 — von Uljanowsk-Saratow, 2 — von Melekes, 3 — von Radajewska-Sergijewskoje, 4 — voruralische Vortiefe, 5 — von Abdulinsk, 6 — Kaspische; C — Senke von Kamsk-Kinel; D — Fließrichtung der Wässer

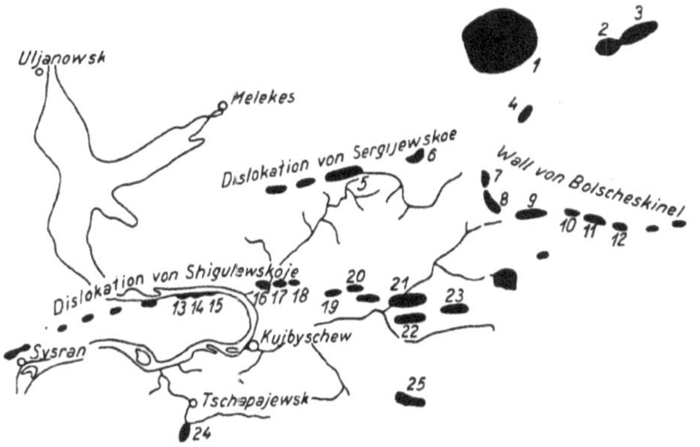

Abb. 2. Schematische Übersichtskarte über die Lagerstätten des mittleren Wolgagebietes

1 – Romaschkino; 2 – Bawly; 3 – Tujmasy; 4 – Bajtugan; 5 – Radajewka; 6 – Jakuschino; 7 – Sosnowka; 8 – Berjuschewka; 9 – Kalinowsko-Nowostepanowskoje; 10 – Krasnojarskoje; 11 – Sultangulowo; 12 – Tarchany; 13 – Shigulewskoje; 14 – Strelny owrag; 15 – Solny owrag; 16 – Krasny Jar; 17 – Beloserka; 18 – Tschubowka; 19 – Alakajewka; 20 – Chilkowo; 21 – Muchanowo; 22 – Dmitrijewka; 23 – Michajlowka; 24 – Pokrowka; 25 – Kuleschowka

Nach den Angaben von A. R. KINSIKEJEW & I. G. POLUJAN (1959) können im kohlenführenden Horizont von Bawly oberes B_{II} und unteres B_I ausgeschieden werden. Die Lager folgen den lithologisch veränderten Sandlinsen, was die Möglichkeit eines aktiven Wasseraustauschs ausschließt.

Analog der Schicht von D_I ist der Öl-Wasser-Kontakt des Lagers der Schicht B_{II} nach SW vom Niveau —955 m bis zum Niveau — 968 m geneigt, noch stärker in der Schicht B_I (von — 959 m auf — 985 m). In der außerhalb des Lagerstättenumrisses gelegenen Bohrung II wurde ein lokales Lager der Schicht B_I mit einem außerordentlich niedrigen Wasser-Öl-Kontakt (Niveau: —1082 m) aufgeschlossen. Es besteht kein Zweifel daran, daß auch in Bawly die Versetzung der Lager mit dem Zutritt von Erdöl aus der steilen Flanke zusammenhängt.

Auf der Lagerstätte von Kalinowsko-Nowostepskoje folgt das Erdöllager nur der steilen Flanke. Das Öl liegt in Dolomiten des Kasan. Der Scheitel wird von Gas eingenommen, das mit dem Wasser einen horizontalen Kontakt hat und auf der Südflanke mit dem Öl in einem Niveau von — 170 m. Das Niveau der Unterkante des Erdöllagers liegt im Westen bei — 180 bis — 190 m, im Osten bei — 207 m.

Die Versetzung des Erdöllagers auf die Flanke zu wurde mit dem Abfluß der Wässer von N her in Beziehung gesetzt. Wir stellten jedoch später fest, daß das Lager im N lithologisch isoliert ist.

V. A. LOBOW & N. A. KOPROWA (1955) wiesen nach, daß im unteren Teil des Lagers der Gehalt an Fetten im Erdöl zurückgeht und der prozentuale Anteil der Harze und Asphaltene zunimmt. In der außerhalb des Lagerstättenumrisses gelegenen Bohrung 1 wurde anhand der Bohrkerne ebenfalls migrierendes Erdöl verfolgt, das leichter als das im unteren Teil des Lagers auftretende ist.

Das Beispiel von Kalinowska zeigt, daß sogar eine völlige Versetzung des Lagers auf die Flanke nicht mit dem Wasserdruck zusammenhängt, sondern mit den Bildungsbedingungen. Das in diesem Falle vor dem Erdöl eingetretene Gas nahm den Scheitel ein, das Erdöl die Flanke. Die Angaben von V. A. LOBOW & N. A. KOPROWA bestätigen, daß das in das Lager migrierende Erdöl relativ frisch ist.

Eine plötzliche Versetzung des Wasser-Öl-Kontaktes wurde in der Schicht IV des Tournai und in der Schicht D_I auf der Lagerstätte Dmitrijewka festgestellt, welche dem Bereich der Senke von Kamsk—Kinel folgt. Die Struktur der Lagerstätte streicht E—W mit steiler Nordflanke. Das Niveau des Wasser-Öl-Kontakts im Lager der Schicht IV beträgt — 2242 m, auf der Nordflanke in Bohrung 24 — 2266 m, d. h. 24 m niedriger. Das Niveau des Wasser-Öl-Kontakts im Lager der Schicht D_I beträgt — 2838 m, und in Bohrung 24 — 2864 m, d. h., es ist um 26 m niedriger.

Für eine Versetzung des Wasser-Öl-Kontakts in der Schicht IV durch den Abfluß der Wässer ist eine Geschwindigkeit von 20—25 cm/Jahr notwendig und in der Schicht D_I = 5—7 cm/Jahr, mit Druck von S, da die Lager nach N versetzt werden.

Die Versetzungsrichtung des Lagers der Schicht IV und die berechnete Geschwindigkeit des Abflusses entsprechen auf den ersten Blick den Vorstellungen von M. I. SAJDELSON. In der letzten Zeit aber wurde durch Bohrungen nachgewiesen, daß diese Schicht im S auskeilt. Bestätigt wurde auch der Abfluß der devonischen Wässer nach SE. Es ist daher unmöglich, die Versetzung des Wasser-Öl-Kontakts in der Schicht D_I entgegen dem Strom zu erklären.

Das Speichergestein der Schicht D_I ist sehr schlecht, und es ist unverständlich, warum sich in diesen schwach durchlässigen Schichten der Abfluß stärker auswirken soll (und dazu noch, wie auf der Lagerstätte Dmitrijewka, in entgegengesetzter Richtung?) und auf der gleichen Lagerstätte in durchlässigeren Schichten der Wasser-Öl-Kontakt fast nicht versetzt ist.

Es ist nicht zu bezweifeln, daß die Neigung der Kontakte in den Schichten IV und D_I mit einem späteren Zustrom von Öl zusammenhängt. Aber wegen der geringen Durchlässigkeit der Gesteine verzögert sich der gravitative Ausgleich des Wasser-Öl-Kontakts.

Eine Versetzung der Kontakte ist auch auf den Lagerstätten des Walls von Shigulewskoje zu beobachten. Auf der Lagerstätte von Shigulewskoje ist in der Schicht D_0 der Wasser-Öl-Kontakt um 2 m nach N verschoben, in der Schicht D_{II} um 7 m. In Solny ist in der Schicht B_2 der Wasser-Öl-Kontakt ebenfalls um 3 m nach N versetzt.

Im Transwolgagebiet auf der Lagerstätte Beloserka ist in der Schicht B_2 der Wasser-Öl-Kontakt um 4—7 m nach S und in der benachbarten Lagerstätte von Tschubowka nach den Ergebnissen von Bohrung 12 das Lager 5 m nach N verschoben.

Der nördliche Rand der Dislokation von Shigulewskoje ist eine Zone für die Entlastung der Wässer des Tokmowsker Abflusses, was durch die Anwesenheit zahlreicher aufsteigender Quellen bestätigt wird. Daher ist hier gewissermaßen ein Widerspruch zu beobachten, nämlich eine Verschiebung der Lager in Richtung der aufsteigenden Tiefenwässer. Man kann ihn aber leicht erklären, wenn man anerkannt hat, daß die Migration des Erdöls von N her andauert.

Interessant ist die Tatsache, daß die Kontakte in den benachbarten Lagern Belosewka und Tschubowka gegensätzlich geneigt sind. Mit dem Abfluß der Wässer kann man das nicht erklären, da in Belosewka kein

Abfluß der Wässer nach S und im benachbarten Tschubowka kein Abfluß nach N erfolgen kann.

Unter Zugrundelegung der behandelten Beispiele können folgende Schlüsse über die Entstehungsbedingungen geneigter Wasser-Öl-Kontakte gezogen werden:

1. Die Hauptursache für die Versetzung der Lager ist die spätere und möglicherweise noch nicht abgeschlossene Lagerbildung. Die Größe des Versetzungsbetrages hängt vom Volumen und den physikalischen Eigenschaften des zuströmenden Erdöls und den Eigenschaften des Speichergesteins ab, im wesentlichen von seiner Durchlässigkeit, aber auch von seiner linsenartigen Ausbildung.

2. In Lagern des „schwimmenden" Typs, die an monolithische Schichten großer Mächtigkeit und hoher Durchlässigkeit gebunden sind, werden bei geringer Viskosität des Erdöls die Kontakte sehr selten versetzt.

3. Die genannten Überlegungen bezüglich der Bildungsbedingungen geneigter Wasser-Öl-Kontakte werden durch Beispiele von der Entlastung heißer Tiefenwässer auf den Flanken bestätigt, wohin die Lager versetzt werden, und durch den Umstand, daß relativ leichte Erdöle den versetzten Kontakten folgen.

4. Bei geneigten Kontakten können sich auf der entgegengesetzten Flanke die Speichereigenschaften der Schicht als schlechter erweisen, was bei der Verteilung der Einpreßbohrungen zu berücksichtigen ist.

Zusammenfassung

Verf. untersucht das zur Zeit in der Welt vieldiskutierte Problem der Ursachen nichthorizontaler Wasser-Öl-Kontakte in Erdöllagern. Er bringt einige Beispiele aus der Sowjetunion und weist nach, daß die Versetzung dieser Kontakte nicht, wie üblicherweise angenommen wird, auf den Druck nachdrängenden Wassers zurückzuführen ist, sondern auf die Migrationsbedingungen des Erdöls und auf die Bildung der Lager selbst, die teilweise heute noch andauert.

Резюме

Автор исследует обсуждаемую теперь во всем мире проблему причин негоризонтальных контактов между водой и нефтью в залежах нефти. Он приводит некоторые примеры из Советского Союза и доказывает, что перемещение этих контактов нельзя связывать с давлением напирающих вод, как обычно предполагается, но с условиями миграции нефти и с происхождением самых залежей, которое частично продолжается до наших дней.

Summary

The problem connected with the causes of non-horizontal water-oil contacts in petroleum deposits presently much discussed in the world is investigated by the author. He gives some examples from the Soviet Union and shows that the transfer of these contacts is not due to the pressure of the pushing water, as is commonly supposed, but results from the migration conditions of the petroleum and the formation of the deposits themselves partly continuing still today.

Literatur

HUBERT, KING M.: Entrapment of petroleum under hydrodynamic conditions. — Bull. Am. Ass. Petr. Geol., 37, 1954—2026, (1953).

KAWEJEW, M. S. & B. W. WASSILJEW: Hydrogeologie der Erdöllagerstätten des Devons im Südosten Tatariens. — Sbornik Neftegasonosnostj Uralo-Wolshskoi oblasti, isd. AN SSSR, 1956.

KINSIKEJEW, A. R. & I. G. POLUJAN: Die Erdöllager des kohleführenden Horizonts der Lagerstätte Bawly. Fragen der Geologie, der Gewinnung, des Niederbringens der Bohrungen und der Erdölführung. — Tr. Tat NII, vyp. 1, Bugulma, 1959.

KOSTRJUKOW, G. W. & A. D. GOLIKOW: Einige Angaben über die Temperatur der Ölschichten des Horizonts D_I der Lagerstätte Romaschkino. — Tatarskaja neftj, No. 1 (1960).

LOBOW, W. A. & N. A. KOPROWA: Zur Methodik der Ermittlung der Gas-Flüssigkeits-Grenzen in Lagerstätten mit karbonatischen Gesteinen. — Raswedka i ochrana nedr, Nr. 6 (1955).

RUSSELL, W. L.: Tilted fluid contacts in Mid-Continent-region. — Bull. Am. Ass. Petr. Geol., 40, S. 2644—2668 (1956).

SAJDELSON, M. I.: Über die hydrogeologischen Verhältnisse in den produktiven Horizonten der terrigenen Folge des Unterkarbons und Oberdevons auf dem Territorium des mittleren Wolgagebiets. — Kujbyschewskaja neftj, No. 1—2, Kujbyschew 1957.

SAWTSCHENKO, W. P.: Die Versetzung der Gas- und Öllager. — Neftjanoje chosjastwo, No. 12 (1952) und No. 1 (1953).

SHELONKIN, A. I.: Die Schichtöle des Horizonts D_I der Lagerstätte Romaschkino. — Tatarskaja neftj, No. 4 (1960).

SILIN-BEKTSCHURIN, A. I.: Die Formierung der unterirdischen Wässer im Nordosten der Russischen Tafel und am Westabfall des Urals. — Tr. Labor. gidrogeol. problem AN SSSR, m. IV (1959).

Kernanalysen zur Bestimmung der Speichereigenschaften klüftiger Gesteine [1]

W. M. BORTNIZKAJA

Klüftige Speicher besitzen oft einen geringen intergranularen Porenraum und eine geringe Permeabilität. Deshalb ist die Produktivität der Sonden hauptsächlich durch die Kluftdurchlässigkeit bedingt. Die natürlichen Klüfte in den festen Gesteinen (Speichergesteinen) haben eine große Länge und bilden dank der Verästelungen Abschnitte oder sogar ganze Schichten erhöhter Permeabilität.

Eine Reihe von Forschern (W. J. BAKER 1955, E. M. SMECHOW, L. P. GMID, M. G. ROMASCHOWA & E. S. ROMM 1958 und 1959) vermerken, daß die Mikroklüfte zufriedenstellende Filtereigenschaften haben und ein wirtschaftliches Zuströmen des Erdöls zur Sonde gewährleisten. Die Kluftporosität ist auch von entscheidendem Wert für die Berechnung wirtschaftlicher Erdölvorräte in klüftigen Speichern. Für die Erklärung der Speichereigenschaften muß man die Geometrie des Kluftnetzes und die Kluftöffnung kennen. Um bei der Kernanalyse natürliche von künstlichen Klüften zu unterscheiden, muß man sich nach folgenden Kennzeichen richten: Künstliche Klüfte haben gewöhnlich glatte Wände und enthalten oft Bruchstücke eingeschlossener Gesteine; sie sind in einer engumrissenen Zone des Schliffes oder des Anschliffes angeordnet; an den Wänden natürlicher Klüfte sind häufig Mineralbildungen zu beobachten. Die Methodik für die Untersuchung klüftiger Gesteine ist noch wenig entwickelt. Die labormäßigen Kernuntersuchungen weisen Unzulänglichkeiten auf. Die Permeabilitätsbestimmung in der KELTON-Apparatur wird selten angewendet, weil es schwierig ist, einen Bohrkern von beträchtlicher Länge zu erhalten.

Von einer Gruppe von Mitarbeitern des WNIGRI wurde eine Methode zur visuellen Untersuchung von Mikroklüften unter dem Mikroskop ausgearbeitet, die in der Untersuchung der Kluftporosität und der Per-

[1] Aus: „Geologija nefti i gasa", H. 11, S. 41—43, 1961. Übers.: H. LANGE

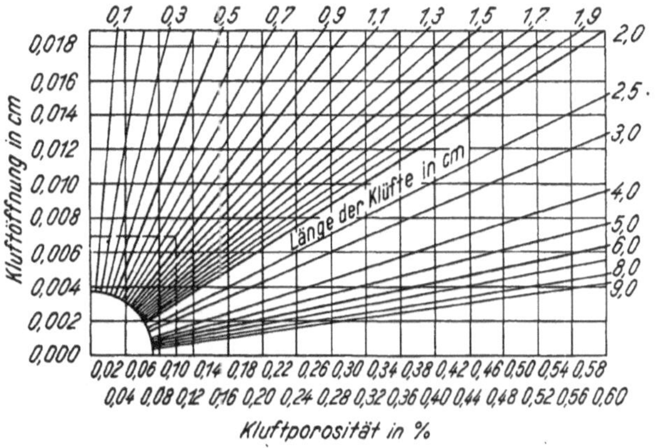

Abb. 1. Nomogramm zur Bestimmung der Kluftporosität bei konstanter Fläche (S = 4 cm²)

meabilität und auch in der Feststellung der morphologischen und genetischen Besonderheiten der Klüfte an Schliffen großen Ausmaßes besteht. Die angezeigten Parameter werden nach den Formeln von P. J. JONES und F. I. KOTJACHOW bestimmt, die von E. S. ROMM für die Untersuchung im Schliff abgewandelt wurden:

$$m_T = \frac{0{,}63\ bl}{S} \tag{1}$$

und

$$K_T = \frac{1{,}05 \cdot 10^6 b^3 l}{S} \tag{2}$$

wobei bedeuten:

m_T — Kluftporosität, doli-Einheiten
K_T — Kluftpermeabilität, Darcy
b — Breite der Kluftöffnung, cm
l — Länge der Klüfte, cm
S — Fläche des Schliffes, cm²

Die Untersuchung klüftiger Gesteine in Schliffen gestattet nach den Angaben von E. S. ROMM (1958), in sieben von zehn Fällen die Klüfte zu entdecken, dagegen in der KELTON-Apparatur nur in einem von zehn. Trotz einer Reihe von Vorzügen hat die WNIGRI-Methode eine Reihe von Mängeln, so z. B. die Schwierigkeit der Herstellung von Schliffen und Anschliffen aus spröden, durch Klüfte gespaltenen Gesteinen. Bei der Bearbeitung mit Schleifmitteln gehen die Kerne längs der Klüfte zu Bruch und bei den erhalten gebliebenen Klüften vergrößert sich die Öffnung, was von uns an einer großen Menge von Gesteinsproben aus paläogenen Ablagerungen des Karpatenvorlandes beobachtet wurde und was P. K. GURBA (1958) schon früher vermerkte. Die mechanische Festigkeit der Gesteine kann man erhöhen, indem man sie entlang den Klüften mit einem Bindemittel ausfüllt. Als geeignetstes Füllmittel erwies sich ein bakelitischer Lack (mit einem spezifischen Gewicht von 0,99 g/cm³ und einer Viskosität von 232,8 Centipoise oder von 31,5° nach ENGLER). Zur Verbesserung des Abbildungskontrastes der Klüfte wurde dem Lack Rodamin zugefügt.

Die glatten Gesteinsproben werden vor der Lackfüllung zur Bestimmung der ungefähren qualitativen Zusammensetzung (schwer, leicht) und des Charakters der Bitumenverteilung einer Lumineszenztüpfelanalyse unterzogen. Die in den bakelitischen Lack eingetauchten Proben wurden unter dem Vakuum bei Zimmertemperatur im Verlauf von 3 bis 4 Stunden gesättigt (getränkt). Danach wurden sie zum Polymerisieren (80 °C) und anschließenden Trocknen des Lacks (bei 60°C) in den Thermostat gebracht. Die präparierten Gesteine wurden an sechs Flächen in Form eines rechtwinkligen Parallelepipedons geschliffen (zurechtgeschnitten) aber auch zur Herstellung von Schliffen benutzt. Die mit dem Lack imprägnierten Proben ertragen die mechanische Bearbeitung gut.

Für das Eindringen des Lacks ist dem Anschein nach eine Kluftöffnung von mindestens 10 µm erforderlich. Klüfte mit kleinerer Öffnung werden vom Lack nicht ausgefüllt und sind im auffallenden Licht gut sichtbar. Die Anschliffe wurden unter dem Mikroskop betrachtet und nach dem Klassifikationsschema von L. P. GMID (1958) beschrieben. Nach den Flächenparametern der Klüftigkeit, die an jeder der sechs Flächen bestimmt wird, wurden die Kluftporosität und die Kluftpermeabilität berechnet. In den Anschliffen wurden die Neigungswinkel der Klüfte zur Schichtung und zur Schliffebene zur Bestimmung der genauen Breite der Kluftöffnungen gemessen. Die Nachprüfung an den Anschliffen bestätigte insbesondere die Richtigkeit des von E. S. ROMM theoretisch bestimmten Koeffizienten für zwei senkrecht zueinander stehende Systeme vertikaler Klüfte. Zur Erleichterung der Berechnung wurde eine gleiche, sich (in den Proben aus den produktiven Schichten der Lagerstätte von Dolinsk) am häufigsten wiederholende Fläche (4 cm²) gewählt, auf der die Länge der Klüfte gemessen wurde. Die Öffnungsbreite wurde aus dem Mittel mehrerer Messungen längs der ganzen Länge der Kluft genommen. Die Porosität und Permeabilität wurden aus den Nomogrammen (Abb. 1 und 2) und der Tabelle nach der Breite und Länge der Klüfte bestimmt.

So muß die Kluftporosität bei b = 0,007 cm, l = 0,9 cm, S = 4 cm² bestimmt werden. Durch den Punkt b = 0,007 cm auf der Ordinatenachse (s. Abb. 1) führen wir eine Gerade bis zum Schnittpunkt mit der Linie l = 0,9 cm. Von dem Schnittpunkt gehen wir senkrecht zur Abszissenachse herunter und lesen die Größe der Kluftporosität $m_T = 0{,}10\%$ nach der Formel:

$$m_T = \frac{0{,}63 \cdot 0{,}007 \cdot 0{,}9}{4} \cdot 100 = 0{,}0975 \approx 0{,}10\% \ .$$

ab.

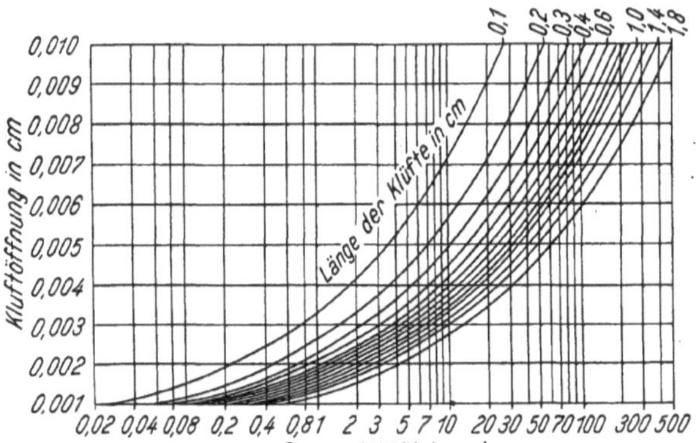

Abb. 2. Nomogramm zur Bestimmung der Kluftpermeabilität bei konstanter Fläche (S = 4 cm²)

Aus dem Nomogramm Abb. 2 wird auch die Kluftpermeabilität $K_T = 80,0$ Millidarcy bestimmt, und zwar nach der Formel:

$$K_T = \frac{1,05 \cdot 16^6 \cdot 0,007^3 \cdot 0,9}{4} = 80,28 \text{ Millidarcy}$$

Es ist zu beachten, daß die Anschliffmethode zur Bestimmung der geometrischen Kluftabmessungen mit einer detaillierten petrographischen Untersuchung der gleichen Gesteine in Schliffen verbunden werden muß.

Auf Grund der durchgeführten Arbeiten können folgende Schlüsse gezogen werden:

1. Für die Untersuchung von klüftigen Gesteinen des Karpatenvorlandes mit Labormethoden kann die Methodik der Kluftuntersuchung in Anschliffen und Schliffen unter dem Mikroskop angewendet werden, die aus vorher mit bakelitischem Lack getränkten Gesteinen hergestellt wurden.
2. Die Bestimmung der Kluftporosität und der Kluftpermeabilität in Anschliffen hat gegenüber der Schliffmethode einige Vorzüge: sie erlaubt, die Kluftöffnung genau zu bestimmen, ihre Neigungswinkel zur Schichtung zu messen, und sie vermindert auch die Größe des wahrscheinlichen Fehlers.
3. Die Verwendung willkürlicher, für die Gesteine der einzelnen Schichten konstanter Schliffflächen vereinfacht die Berechnung der Kluftporosität und Kluftpermeabilität, die durch graphische Bestimmung mittels entsprechender Nomogramme ersetzt wird.

Zusammenfassung

Verf. schildert eine Methode der visuellen Untersuchung von Mikroklüften an Schliffen und Anschliffen unter dem Mikroskop zur Bestimmung der Kluftporosität und -permeabilität. Als Untersuchungsmaterial diente eine große Anzahl von Gesteinsproben aus klüftigen paläogenen Ablagerungen des Karpatenvorlandes. Die angewandte Arbeitstechnik und die Berechnung der Kluftporosität und -permeabilität durch graphische Bestimmung mittels entsprechender Nomogramme werden geschildert.

Резюме

Автор описывает метод визуального исследования микротрещин на полированных и прозрачных шлифах под микроскопом для определения трещинной пористости и проницаемости. Материалом исследования служило большое количество образцов пород из трещиноватых палеогеновых отложений Предкарпатья. Описываются использованная техника работы и вычисление трещинной пористости и проницаемости путем графического определения с помощью соответствующих номограмм.

Summary

The author describes a method for the visual investigation under the microscope of micro-joints in partially ground and polished sections with a view to determining their porosity and permeability. The materials studied were prepared from a great many rock samples of jointed deposits from the early Tertiary of the Carpathian Foreland. The procedure applied and the calculation of joint porosity and permeability by means of adequate nomographic diagrams are described.

Literatur

Baker, W. J.: Flüssigkeitsströmung in klüftigen Gesteinen. — IV. Welterdölkongreß, Proceedings, Bd. 3, Rom 1955.

Gmid, L. P.: Ergebnisse der lithologisch-petrographischen Untersuchung klüftiger Gesteine aus dem Paläozoikum des baschkirischen Uralgebietes, des Südminussinsker Beckens und des Irkutsker Amphitheaters. — Sammelbd. „Klüftige Gesteine und ihre Speichereigenschaften“ (Treschtschinowatye porody i ich kollektorskie swojstwa), S. 190, Gostoptechisdat, Moskau 1958.

Gurba, P. K.: Die Klüftigkeit der erdölhaltigen Menilitschieferschicht in der Lagerstätte von Dolinsk. — Geologija nefti i gasa, H. 3, Moskau 1958.

Kotjachow, F. I.: Die Annäherungsmethode zur Bewertung der natürlichen und künstlichen Klüftigkeit von Gesteinen. — Neftjanoje chosjaistwo, H. 3, Moskau 1957.

Romm, E. S.: Filtrationsuntersuchungen in klüftigen Gesteinen hinsichtlich ihrer Speichereigenschaften. — Sammelband „Klüftige Gesteine und ihre Speichereigenschaften“, Gostoptechisdat, Moskau 1958.

— Einige Fragen der Flüssigkeits- und Gasfiltration in klüftigen Gesteinen. — Autorreferat der Dissertation, 1959.

Smechow, E. M., L. P. Gmid, M. G. Romaschowa & E. S. Romm: Fragen der Methodik zur Untersuchung klüftiger Gesteine und des Zusammenhanges mit ihren Speichereigenschaften. — Sammelband „Klüftige Gesteine und ihre Speichereigenschaften“, Gostoptechisdat, Moskau 1958.

Smechow, E. M., L. P. Gmid, M. G. Romaschowa u. a.: Über die Methodik der Untersuchung klüftiger Gesteine und ihrer Speichereigenschaften. — Geologija nefti i gasa, H. 3, Moskau 1958.

Smechow, E. M., I. I. Gorjunow & E. S. Romm: Erfahrungen bei methodischen Untersuchungen klüftiger Öl- und Gasgesteine und Wege ihrer praktischen Anwendung. — Gostoptechisdat, Moskau 1959.

Die Erdölabgabe lithologisch inhomogener produktiver Horizonte[1]

M. M. Iwanowa

Laboratoriumsversuche zur Entölung einer Probe durch Wasserfluten gestatten, die restliche Erdölsättigung des vom Wasser durchspülten Bereichs der produktiven Schicht zu bestimmen, die unter Beibehaltung des Schichtdrucks durch Einpumpen von Wasser ausgebeutet wird. Doch lösen diese Versuche bei weitem nicht alle Fragen, die mit der Erdölabgabe der Schicht verbunden sind. Bei der Ausbeutung einer wirklichen Erdöllagerstätte üben eine Reihe von Faktoren einen negativen Einfluß auf den Endwert der Erdölabgabe aus. Einer dieser Faktoren ist die lithologische Inhomogenität des ausgebeuteten Lagers.

Der Einfluß der Inhomogenität erlangt eine besonders große Bedeutung bei der Ausbeutung von Lagerstätten auf Tafeln vom Typ Romaschkino, bei denen der produktive Horizont einen überaus komplizierten lithologisch-faziellen Bau aufweist.

Im folgenden wird der Einfluß dieses Faktors auf die Erdölabgabe am Beispiel eines der zentralen Felder der Lagerstätte Romaschkino — Abdrachmanowka behandelt.

Geologie der Lagerstätte

Der Lagerstättenteil Abdrachmanowka bildet den am stärksten gehobenen Scheitelteil der Lagerstätte. Im Zentrum und im Süden der Lagerstätte lagert das Hangende der Paschija-Folge (Frasne-Stufe des Oberen Devons) bei maximal 1430 bis 1435 m unter Gelände und bildet hier den Scheitel der Romaschkiner Erhebung.

Die Paschija-Schichten fallen vom Scheitel der Erhebung nach allen Seiten flach ab. Innerhalb des hier betrachteten Lagerstättenteiles beträgt dieses Abfallen

[1] Aus: „Issledowanija nefteodatschi plasta, Bd. 24, Moskau 1959, S. 173—185. Übers.: Käbel

0,6 bis 1,5 m/km. Dieses allmähliche Einfallen der Gesteinsschichten zur Peripherie der Lagerstätte hin wird in deren Randteilen durch eine Vielzahl schwach ausgeprägter Mulden kompliziert. Diese sind radial angeordnet, erreichen jedoch den Zentralteil der Lagerstätte nicht, sondern streichen in 1 bis 8 km Entfernung von der eigentlichen Grenze derselben aus (Abb. 1.)

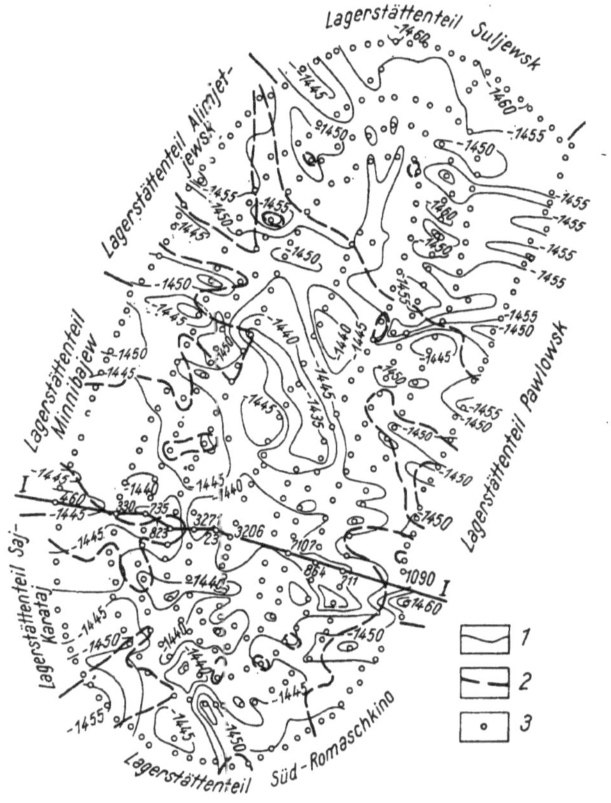

Abb. 1. Strukturkarte der Oberkante des Horizontes D_1 des Lagerstättenteiles Abdrachmanowka der Lagerstätte Romaschkino

1 — Isohypsen der Oberkante des Horizontes D_1; 2 — innere Kontur der Erdölführung; 3 — Bohrungen, die den Horizont D_1 erreichten

Das Hangende der Paschija-Folge ist gleichzeitig Hangendes der produktiven Schicht D_1, die einen komplizierten Komplex wechsellagernder Sandsteine, Schluffsteine und Tone bildet.

Man kann im Schnitt des Horizontes D_1 von oben nach unten fünf sandig-schluffige Schichten ausgliedern — A, B, C, D und G—, die voneinander durch tonige und schwach durchlässige schluffige Zwischenlagen getrennt werden. Manchmal streichen diese Zwischenlagen im Profil aus, wodurch einzelne Lagen ineinander übergehen. Am häufigsten tritt die Vereinigung der unteren beiden Lagen auf. Die oberen drei Lagen verbinden sich seltener miteinander. Noch seltener beobachtet man das Ineinanderübergehen der Schichten C und D. Eine gut ausgeprägte Tonschicht zwischen den Lagen C und D gestattet, die Lagen des Horizontes D_1 in zwei Pakete zu unterteilen — das untere, das aus zwei, und das obere, das aus drei Lagen besteht.

Die Lagen des oberen und des unteren Pakets unterscheiden sich nach ihrem Bau, ihren Speichereigenschaften und den Sedimentationsbedingungen sehr wesentlich voneinander.

Die Lage G an der Basis des Horizontes wird durch verschiedenkörnige Quarzsandsteine gebildet, die im Liegenden feine Gerölle der unterlagernden Argilite aufweisen. Die Sandsteine sind schwach zementiert, wodurch ihre Porosität 24 bis 26% erreicht. Die Lage G weist nicht die für die höher liegenden Lagen kennzeichnenden dünnen tonigen Zwischenschichten auf und ist nicht geschichtet. Nur an einzelnen Stellen tritt eine Kreuzschichtung auf. Die Lage G ist 2 bis 13 m mächtig. Die Sandsteine sind nicht im gesamten Bereich verbreitet. Charakteristisch ist ihr plötzliches Ausstreichen ohne allmähliche Verschluffung und ohne Verringerung der Mächtigkeit. Im Grundriß lagern die Sandsteine in Form sich trennender und vereinigender Streifen verschiedener Breite. Die Sandkörner sind kaum bemerkbar von NW nach SE eingeregelt. Offensichtlich wurden die Sandsteine der Lage G vom transgredierenden Paschija-Meer auf den erodierten Schichten des Givet abgelagert.

Die Lage D, welche oberhalb der Lage G auftritt, ist im Lagerstättenteil Abdrachmanowka fast überall verbreitet, wodurch sie sich von allen übrigen Lagen des Horizontes D_1 unterscheidet. Doch trifft man an verschiedenen Stellen des Lagerstättenteiles geringe Zonen, wo sie ausstreicht. Dies ist durch vier Bohrungen nachgewiesen. Überwiegende Bedeutung haben im Profil dieser Lage feinkörnige Sandsteine, untergeordnet treten Schluffsteine auf. Die Sandsteine und Schluffsteine sind vorwiegend quarzitisch ausgebildet und besitzen dünne schluffige und tonige Zwischenlagen. Das Ausstreichen der Lage wird von einer allmählichen Verschluffung und Verringerung der Mächtigkeit begleitet. Die Mächtigkeit der Sandsteine und Schluffsteine schwankt zwischen 12 und 1 m. Mächtigkeitsbereiche von mehr als 8 m sind hauptsächlich an Stellen der Vereinigung dieser Lage mit der unterlagernden Lage G zugeordnet. Die regionale Verbreitung der Lage, der Grad der Differenzierung des sandig-schluffigen Materials und die Schichtung zeugen von ihrer Bildung unter Verhältnissen eines flachen marinen Beckens.

Die Lagen des oberen Paketes (C, B und A) sind untereinander so ähnlich, daß sie nicht einzeln beschrieben zu werden brauchen. Gemeinsam für alle drei Lagen ist ihre linsenförmige Lagerung, wobei diese Linsen verschieden in ihren Abmessungen, ihrer Form und ihrer Mächtigkeit sind. Durch diese eigenartige Lagerung ist ihre Bezeichnung als „Lagen" nur bedingt richtig.

Gemeinsam für alle Lagen ist auch ihre sandig-schluffige Zusammensetzung. Die Sandsteine und Schluffsteine sind vorwiegend quarzitisch, feinkörnig, mit tonigem Bindemittel und dünnen tonigen Zwischenlagen ausgebildet. Die Porosität der Sandsteine und Schluffsteine schwankt zwischen 12 und 24%.

Das Ausstreichen jeder der drei Lagen wird gewöhnlich von einer Verringerung der Mächtigkeit und einer Erhöhung des Tonanteils begleitet. Dadurch verschlechtert sich die Porosität der sandig-schluffigen Linsen vom Zentrum zur Peripherie der Lagerstätte. All dies zeugt von der Ablagerung dieser drei Lagen in der Ufernähe eines Meeresbeckens.

Der Unterschied zwischen den Lagen des oberen Paketes besteht hauptsächlich in ihrer Mächtigkeit und flächenmäßigen Verbreitung.

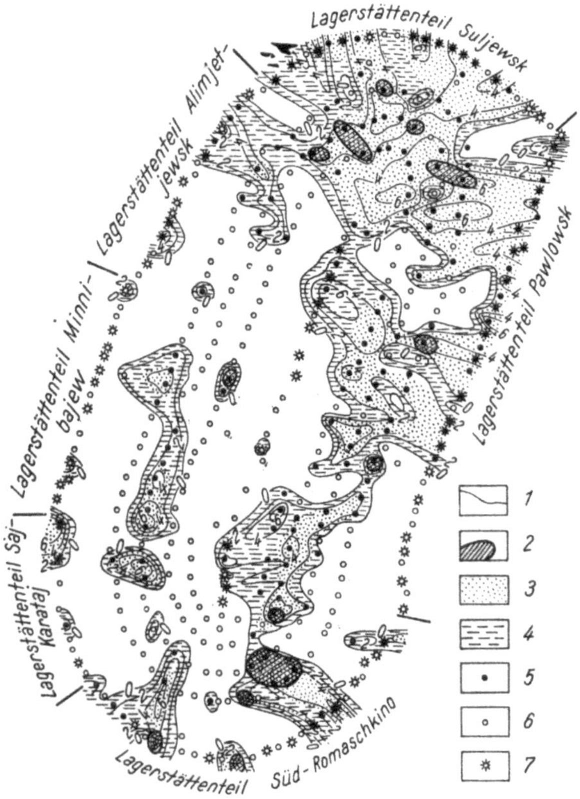

Abb. 2. Karte gleicher Mächtigkeiten der Lage „A" des Horizontes D_1 des Lagerstättenteiles Abdrachmanowka in der Lagerstätte Romaschkino

1 – Isopachen der Lage „A"; 2 – Verbindung der Lagen „A" und „B"; 3 – Sandsteine und Schluffsteine mit einer Porosität von 18–22%; 4 – Schluffsteine und Sandsteine mit einer Porosität von 14–18%; 5 – Bohrungen, in denen die Lage „A" durch eine Perforation erschlossen ist; 6 – Bohrungen, in denen die Lage „A" fehlt oder nicht durch eine Perforation erschlossen ist; 7 – Bohrungen zum Einpressen von Wasser

So umfaßt die Lage C ca. 30% des Lagerstättenteils Abdrachmanowka, die Lage B ca. 70%, die Lage A ca. 30%. Die maximale Mächtigkeit der Linsen ist, wie bereits weiter oben bemerkt wurde, den Zentralteilen zugeordnet und beträgt für die Lage C 5,6 m, für die Lage D 17 m und für die Lage A 8 m. Da der vorliegende Beitrag nicht gestattet, alle auskartierten Daten der Schichten anzuführen, wird hier zum Verständnis des Auftretens der sandig-schluffigen Bereiche nur eine Karte gleicher Mächtigkeiten der Lage A beigefügt (Abb. 2). Die flächenmäßige Veränderung des Horizontes D_1 für das ganze Untersuchungsgebiet wird durch einen Querschnitt in Linie der Bohrungen 460 bis 1090 dargestellt (Abb. 3).

Da die Lagen des unteren Pakets des Horizontes D_1 des Lagerstättenteiles Abdrachmanowa durch bessere Speichereigenschaften und größere Mächtigkeiten gekennzeichnet werden, enthalten sie den Hauptteil der industriellen Erdölvorräte. Der Anteil der Lagen des oberen Pakets macht ca. 30% der Vorräte aus.

Eine der Besonderheiten des geologischen Baus des Horizontes D_1 der Lagerstätte Romaschkino ist das Auftreten von Liegendwasser in seinem größten Teil. Im Lagerstättenteil Abdrachmanowa sind nur die Lagen des oberen Paketes vollkommen erdölführend. Die Lage D besitzt nur in einzelnen Randgebieten des Lagerstättenteiles Wasser. Wasser-erdölführende oder völlig verwässerte Bereiche der Schicht G nehmen den größeren Teil des Feldes ein. Die innere erdölführende Kontur des Horizontes hat eine ziemlich eigenartige Konfiguration (s. Abb. 1). Das erklärt sich daraus, daß die Lage der Kontur gleichzeitig durch drei Faktoren bestimmt wird, durch die Struktur, durch die komplizierte Oberfläche des Liegenden des Horizontes, die durch das häufige und plötzliche Ausfallen der Lage G bedingt ist, und durch die Form des Wasser-Erdöl-Kontakts. Die absolute Höhenlage des letzteren schwankt infolge der lithologischen Inhomogenität des Horizontes zwischen — 1482 bis — 1490 m.

Die Wirtschaftlichkeit der Verwässerung des Horizontes D_1

Der Lagerstättenteil Abdrachmanowka wird nach einem Projekt des WNII ausgebeutet. Bis zum Jahre 1957 war dieser Lagerstättenteil durch eine Reihe von Einpreßsonden und drei Reihen von Fördersonden erbohrt worden, wobei ein Abstand zwischen den Einpreßsonden und dem äußeren Ring der Fördersonden von 2000 m, zwischen den Reihen der Fördersonden von 1000 m, zwischen den Bohrungen innerhalb der fördernden Reihen von 600 m und innerhalb der Einpreßreihe von 500 m bestand. Der zentrale Teil der Lagerstätte wurde nicht erbohrt. In allen Bohrungen (Fördersonden und Einpreßsonden) überdeckte die Perforation alle erdölführenden Lagen des Horizontes D_1.

Alle Einpreßsonden dienten bis zum Einpumpen von Wasser als eruptierende Fördersonden.

Die erhöhte Entnahme von Erdöl aus den Einpreßsonden sicherte die Reinigung der Lagen in der Nähe der Bohrungen und die Bildung eines Gebiets niedriger Schichtdrücke auf der Einpreßlinie. Dies begünstigte eine Bewegung des eingepreßten Wassers hauptsächlich entlang der Linie der Einpreßreihe. Rund um das Feld wurde auch dadurch ein ununterbrochener Wasser-

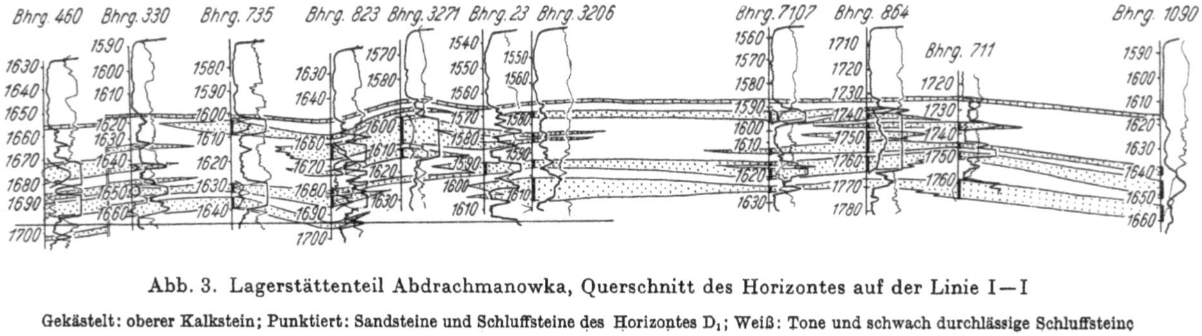

Abb. 3. Lagerstättenteil Abdrachmanowka, Querschnitt des Horizontes auf der Linie I–I

Gekästelt: oberer Kalkstein; Punktiert: Sandsteine und Schluffsteine des Horizontes D_1; Weiß: Tone und schwach durchlässige Schluffsteine

gürtel geschaffen, daß im ersten Stadium der Ausbeutung das Wasser in die Einpreßsonden nur in jede zweite Bohrung eingeführt wurde, während aus den dazwischen liegenden Bohrungen intensiv gefördert wurde. Gegenwärtig sind viele der fördernden Einpreßsonden durch das eingepreßte Wasser geflutet worden und werden allmählich zum Einpumpen von Wasser benutzt.

In Bereichen, wc die unteren Lagen des Horizontes D_1 verwässert sind, wird ihre Perforation nach der Übernahme der Bohrungen als Einpreßsonden durchgeführt.

Das Einpressen von Wasser in den Horizont D_1 wurde durch den lang währenden Aufbau der Flutungsanlagen mit einer Verspätung von einem Jahr im Juli 1954 begonnen. Zu diesem Zeitpunkt war der mittlere gewogene Schichtdruck des Lagers von 175 auf 153 atü abgesunken. In den Jahren 1954 bis 1956 sank der Schichtdruck trotz der Erhöhung der Einpressung von Wasser weiter ab und betrug am Ende des III. Quartals 1956 136,8 atü. Das Absinken des Schichtdruckes wurde erst aufgehalten, als im IV. Quartal 1956 das tägliche Volumen des eingepreßten Wassers die tägliche Förderung von Flüssigkeit aus dem Horizont übertraf. Etwas später, zu Beginn des Jahres 1957, konnte man einen sehr langsamen, aber beständigen Anstieg des Schichtdruckes beobachten. Zum Ende des ersten Quartals 1958 erhöhte sich der mittlere gewogene Schichtdruck auf 139,9 atü.

Das Absinken des Schichtdruckes wurde von einer ausgeprägten Verringerung der mittleren Förderleistung der Sonden begleitet. Zum Ende des Jahres 1956 erreichte die Förderleistung einen Minimalwert von 35,7 t. Zu diesem Zeitpunkt beobachtete man infolge des niedrigen Schichtdruckes auch ein massenweises Versiegen eruptierender Sonden. Zum 1. Januar 1957 wurden aus diesem Grunde 60 Fördersonden des Feldes eingestellt.

Der im Jahre 1957 einsetzende Anstieg des Schichtdrucks rief eine Erhöhung der Förderleistung und des Stützdrucks der Fördersonden hervor. Zum Ende des I. Quartals 1958 erhöhte sich die mittlere Förderleistung eines tätigen fördernden Bohrlochs auf 69,5 t, d. h. fast um das Doppelte. Von den früher eingestellten Bohrungen stellten 11 die Eruption wieder her. Alle diese Erscheinungen bestätigen die unzweifelhafte Wirksamkeit des Wasserflutens unter den Bedingungen der Lagerstätte Romaschkino.

Eine systematische Beobachtung aller Fördersonden zeigte jedoch, daß sich der Einfluß der Einpressung bei weitem nicht auf die ganze Lagerstätte verteilte. Gleichzeitig mit der Regenerierung des Horizontes senkte sich in den Randbereichen des Feldes in den von der Einpreßlinie weit entfernten Fördersonden der Schichtdruck weiterhin intensiv. Durch Beendigung der Eruption vieler Bohrungen der zweiten und besonders der dritten Förderreihe wurden sie in ein mechanisiertes Förderverfahren übergeführt.

In Abb. 4 wird der Einfluß der Einpressung im Horizont D_1 dargestellt. Die Abbildung zeigt die Bereiche, die bis zum Ende des Jahres 1957 in diesem oder jenem Maße auf das Einpressen von Wasser reagiert haben. Durch schräge Schraffur sind die Bereiche hervorgehoben, in denen die Bohrungen auf das Einpressen durch eine Erhöhung des Schichtdruckes, der Förderleistung und des Stützdruckes aktiv reagierten. In den Bereichen mit einer horizontalen Schraffur wurde kein Anwachsen des Druckes und der Förderleistung beobachtet, doch zeugt die ständige Eruption der Bohrungen vom Einfluß der Einpressung. Im nichtschraffierten Teil der Lagerstätte sank der Schichtdruck auch weiterhin intensiv ab. Die in diesem Gebiet gelegenen Bohrungen wurden entweder eingestellt oder auf mechanische Förderung umgestellt.

Das Fehlen des Einflusses der Einpressung in die Bohrungen der inneren Förderreihen kann man wegen der lithologisch-faziellen Inhomogenität des Horizontes D_1 durch die weite Entfernung dieser Reihen von den

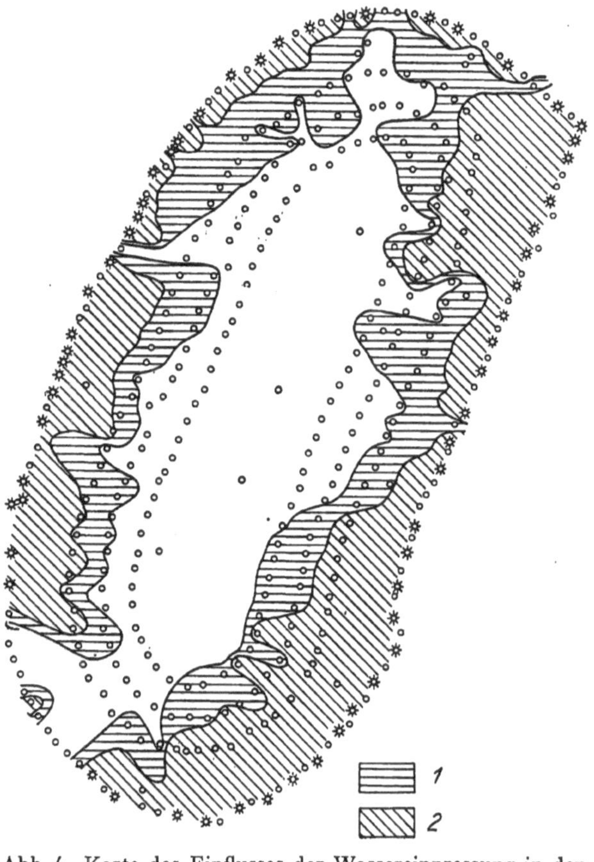

Abb. 4. Karte des Einflusses der Wassereinpressung in den Horizont D_1

1 — Bereich geringen Einflusses der Wassereinpressung; 2 — Bereich aktiven Einflusses der Einpressung

Einpreßlinien erklären. Man muß bemerken, daß der Inhomogenitätsgrad der Lagerstätte, der erst durch die Erschließung derselben durch Fördersonden und Einpreßsonden geklärt werden konnte, nicht im Ausbeutungsprojekt berücksichtigt werden konnte, das nur auf Grund eines weiten Netzes von Erkundungsbohrungen aufgestellt wurde.

Im März 1957 wurde von der Zentralen Kommission zur Ausbeutung von Erdöl- und Erdgaslagerstätten der Vorschlag des WNII behandelt, den Flutungsprozeß des Lagerstättenteiles Abdrachmanowka durch Einpressen von Wasser in seinen Zentralteil zu intensivieren. Die Kommission bestätigte das Abteufen einer neuen Reihe von Einpreßsonden entlang der langen Achse des Feldes. Gleichzeitig wurde entschieden, zwei zusätzliche ringförmige Förderreihen abzuteufen — eine zwischen der Einpreßreihe und den äußeren Förderreihen in einer Entfernung von 700 m von der letzteren, die zweite im Zentralteil der Lagerstätte in einer Entfernung von 700 m von der inneren ringförmigen Förderreihe.

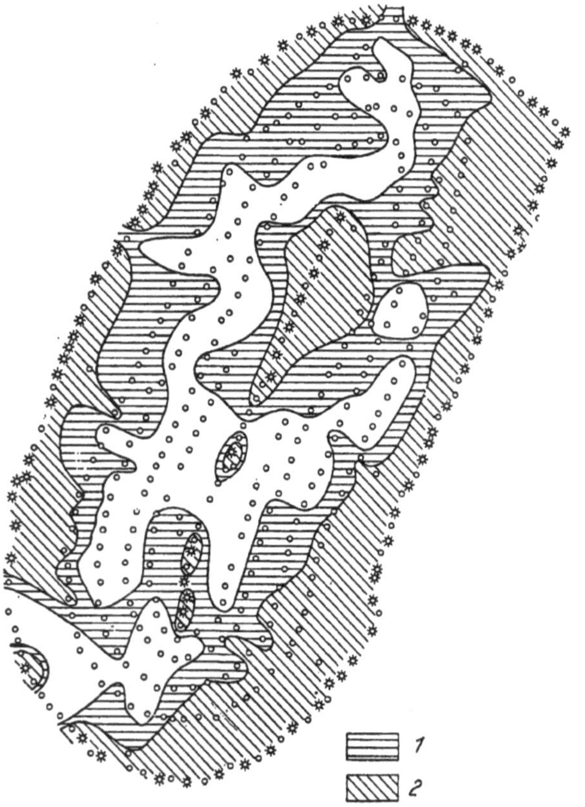

Abb. 5. Karte des Einflusses der Einpressung in den Horizont D_1 zum 1. VI. 1958. Bezeichnung dieselbe (Legende wie Abb. 4)

Mit der Verbreiterung der Einpreßfront im Zentrum der Lagerstätte veränderte sich das Bild des Einflusses der Einpressung bedeutend (Abb. 5). Vom April bis Mai 1958 erneuerten sich 13 Sonden der inneren Förderreihe.

Der Anteil der einzelnen Lagen an der Förderung des Horizontes D_1

Die regionale Verbreitung der Lage D im Lagerstättenteil Abdrachmanowka erlaubt die Annahme, daß bei der Ausnutzung aller niedergebrachten Einpreßsonden für das Einpressen von Wasser eine überall bemerkbare Einwirkung auf diese Lage erreicht werden kann. Die unterlagernde Lage G kann ebenfalls praktisch vollkommen durch das Einpressen erfaßt werden, und zwar durch unmittelbares Einpressen an den vielzähligen Verbindungsstellen mit der Schicht D.

Die Eruption des Hauptteils der Sonden in diesen zwei Lagen und die damit verbundene Erfüllung des Produktionsplanes könnten den Eindruck einer gesicherten Nutzung des Horizontes D_1 hervorrufen. Solche Vorstellungen könnten vor allem in Verbindung mit der Annahme auftreten, daß der Horizont D_1 ein hydrodynamisch einheitliches Reservoir bilde. Doch zeigt eine Vielzahl von betrieblichen Untersuchungen, daß die Verbindung des oberen Pakets mit dem unteren Paket und der Lagen des oberen Pakets untereinander an vielen Stellen des Feldes außerordentlich unvollkommen ist und teilweise vollkommen fehlt. Die Durchführung solcher Untersuchungen ist dadurch möglich, daß bei dem häufigen Ausstreichen der vier Lagen des Horizontes in den Profilen der Bohrungen gewöhnlich nur eine, zwei oder drei Lagen in den verschiedensten Verbindungen auftreten. Unter solchen Verhältnissen ist es nicht schwer, im Feld solche Stellen zu finden, wo das Wasser in die einen Lagen eingepreßt wird, das Erdöl in den Nachbarbohrungen jedoch aus anderen Lagen entnommen wird. In einzelnen Bereichen dieses Feldes wurden solche Verhältnisse durch eine Perforation der verschiedenen Lagen in den Einpreßsonden und den Fördersonden künstlich geschaffen. Durch die Untersuchung ähnlicher Gruppen von Bohrungen wurde festgestellt, daß benachbarte Lagen manchmal sogar bei einer Differenz des Schichtdruckes von 90 bis 110 atü nicht in Wechselwirkung stehen.

Ein eindrucksvolles Beispiel des schlechten Zusammenwirkens der Lagen des oberen und des unteren Pakets des Horizontes D_1 ist das des Lagerstättenteils von Pawlowka, der dem von Abdrachmanowka benachbart ist. Die Lagen des unteren Pakets sind im größten Bereich dieses Lagerstättenteiles wasserführend. Die erdölführenden Lagen des oberen Paketes fehlen in vielen Profilen der Einpreßsonden oder sind durch Schluffsteine vertreten. Auf Grund der Vorstellungen über eine gute Zusammenwirkung der Lagen in diesem Feld wurde der Versuch unternommen, den Schichtdruck in den Lagen des oberen Pakets durch Einpressen des Hauptteiles des Wassers in die hochdurchlässigen Lagen des unteren wasserführenden Pakets aufrechtzuerhalten. Diese Maßnahme führte zu einem schnellen Anwachsen des Schichtdruckes in den unteren Lagen bei gleichzeitigem Absinken des Druckes in den Lagen des oberen Pakets. Die Differenz der mittleren Druckwerte der Schichten des unteren und des oberen Pakets erreichte 35 atü, trotzdem stellte eine Reihe von Bohrungen der oberen Lagen die Eruption ein.

Das angeführte Beispiel zeugt von der Notwendigkeit der Einwirkung auf diese oder jene Lage ausschließlich durch unmittelbares Einpressen von Wasser.

Auf diese Weise kann man den Schluß ziehen, daß sich im Lagerstättenteil Abdrachmanowka von den vielen Linsen der oberen Lagen ein aktiver Einfluß der Einpressung nur auf die Linsen bemerkbar machen wird, die von den Einpreßreihen durchschnitten werden. Die von der Einpreßlinie entfernten Linsen stellen nach der Abgabe des kleinsten Teiles der Erdölvorräte unter der Wirkung elastischer Kräfte ihre Förderung ein. Diese Annahme kann man im gleichen Maße auf die völlig isolierten Bereiche der Lagen und auf die Linsen anwenden, die Berührungspunkte mit den benachbarten verwässerten Lagen aufweisen, da bei den ständig niedrigen Drücken im Bereich der Bohrlochsohlen und schlechter vertikaler Durchlässigkeit der Gesteine der Druckabfall zwischen den zusammenwirkenden Lagen für eine vertikale Bewegung der Flüssigkeit unzureichend ist.

Folglich kann sich bei der augenblicklichen Verteilung der Einpreßsonden herausstellen, daß ein bedeutender

Teil der Erdölvorräte im Horizont D_1 zurückgeblieben ist.

Richtung der weiteren Arbeiten zur Nutzung und Untersuchung des Horizontes D_1

Im Jahre 1956 wurde von einer Gruppe von Ingenieuren des WNII auf Vorschlag von A. P. KRYLOW begonnen, spezielle Geräte, wie Ergiebigkeitsmesser und Fördermesser, zu konstruieren. Die Anwendung dieser Geräte gestattet, den Anteil dieser oder jener Lage an der Leistung eines jeden Bohrlochs zu bestimmen und dadurch für alle fünf Lagen die Bereiche zu begrenzen, die vom Einfluß des Flutwassers ausgeschlossen sind.

Zur Vergrößerung der Erdölabgabe des Horizontes D_1 sieht das Projekt WNII für ein bestimmtes Stadium der Ausbeutung des Feldes die Verschiebung der Einpreßfront vor. Möglicherweise ist dieses Verfahren nicht das ausschließlich zweckmäßige. Die Verallgemeinerung der Untersuchungsmaterialien kann auch einen anderen Weg weisen, wie die teilweise Flutung bestimmter Teile des Feldes unter Beibehaltung der Lage der Einpreßlinie. Dabei kann man das Wasser selektiv einpressen, d. h. nur in die Lage mit abgesenktem Schichtdruck.

Die ökonomische Zweckmäßigkeit des ersten oder des zweiten Verfahrens kann erst nach der Berechnung der möglichen Verluste an Erdölvorräten und der Begrenzung der Bereiche ermittelt werden, in denen diese Verluste am wahrscheinlichsten sind.

Zusammenfassung

Am Beispiel des Lagerstättenteiles Abdrachmanowka der Erdöllagerstätte Romaschkino, die im Scheitel der Romaschkiner Erhebung liegt, wird der Einfluß lithologisch inhomogener produktiver Horizonte bei der Ausbeutung von Erdöllagerstätten des Tafeltyps beschrieben. Die Geologie der Lagerstätte wird kurz geschildert.

Резюме

На примере участка Абдрахмановка Ромашкинского нефтяного месторождения, расположенного в своде Ромашкинского поднятия, описывается влияние литологически неоднородных продуктивных горизонтов при эксплуатации нефтяных месторождений платформенного типа. Кратко излагаются геологические условия месторождения.

Summary

The example of Abdrachmanowka section of Romaschkino petroleum deposit at the top of Romaschkino elevation is given to describe the influence of lithologically inhomogeneous productive horizons on the exploitation of petroleum deposits of the table type. The geology of the deposit is briefly reviewed.

Die Entwässerung im Braunkohlenbergbau der Lausitz[1]

HERMANN KALÄHNE, Senftenberg

Einleitung

Bergbau und Wasser sind zwei Begriffe, die eng zusammengehören. Bekanntlich konnte in vergangenen Jahrhunderten der Bergbau nur deshalb betrieben werden, weil das Gebirge trocken war. Bei Erreichen des Grundwassers mußte der Abbau eingestellt werden, oder der Bergbau kam beim Versiegen des Oberflächenwassers zum Erliegen, da dann das Betriebswasser zum Antreiben der Wasserkünste zum Heben des in den Gruben anfallenden Wassers ausblieb und die Schachtanlagen absoffen. In früheren Zeiten war somit das Wasser teils ein Freund, teils ein Feind des Bergbaus. Wenn es auch heute diesen entscheidenden Einfluß verloren hat, so hat es trotzdem noch eine nicht abzuweisende Bedeutung behalten. Auch heute noch hat der Bergmann tagtäglich gegen das Wasser anzukämpfen. Von ihm drohen Gefahren, die es zu verhindern und abzuwenden gilt.

Im folgenden sollen nicht die Wasserfragen des gesamten Bergbaus, sondern nur die des Braunkohlentagebaubetriebs behandelt werden, speziell jedoch diejenigen der Lausitz.

Geologie der Lausitz

Die Braunkohlenflöze der Lausitz werden in das 1. bis 4. Flöz eingeteilt, wobei das durchschnittlich 22 m mächtige 1. Flöz (Oberflöz) das oberflächennaheste ist. Es folgt dann das durchschnittlich 11 m mächtige 2. Flöz (Unterflöz). Das tiefste Flöz (4. Lausitzer Flöz) ist oberoligozänen Alters und damit dem Bitterfelder Hauptflöz gleichzusetzen. Das darüber folgende 3. Flöz wird in das tiefere Miozän, das 2. und 1. Flöz in das mittlere bzw. höhere Miozän gestellt. Unter- und überlagert werden die Flöze von tertiären Tonen, Feinsanden und Schluffen sowie von Sanden, Kiesen, Tonen und Geschiebemergel des Pleistozäns und stellenweise von den Ablagerungen des Holozäns. Beim Abbau des Oberflözes war die Deckgebirgsmächtigkeit gering. Gegenwärtig beträgt sie ca. 40 bis 60 m und wird in Zukunft auf 80 bis 100 m ansteigen. Das Gebiet der Lausitz erhält seine Charakteristik durch die beiden von SE nach NW streichenden Urstromtäler, nämlich durch das Lausitzer Urstromtal südlich und das Baruther nördlich des Lausitzer Grenzwalls. Im Gebiet der Hochflächen von Spremberg—Welzow, Rauno und Sallgast—Kostebrau war das 1. Flöz von der Erosion verschont geblieben, während in den tieferliegenden Gebieten der Urstromtäler selbst das 2. (Unter-)Flöz durch Auswaschungsrinnen zum Teil in einzelne Kohlenfelder aufgegliedert ist. Im Raum Muskau—Weißwasser ist durch die Gletschervorstöße der Weichsel-Eiszeit der bekannte hufeisenförmige Muskauer Faltenbogen entstanden. Abgesondert liegt das Braunkohlenbecken von Berzdorf, welches durch Senkungen des Untergrundes in Zusammenhang mit bruchtektonischen Vorgängen im Einflußbereich des tertiären Vulkanismus entstand.

[1]) Eingang des Manuskripts in der Redaktion: 31. 8. 1962

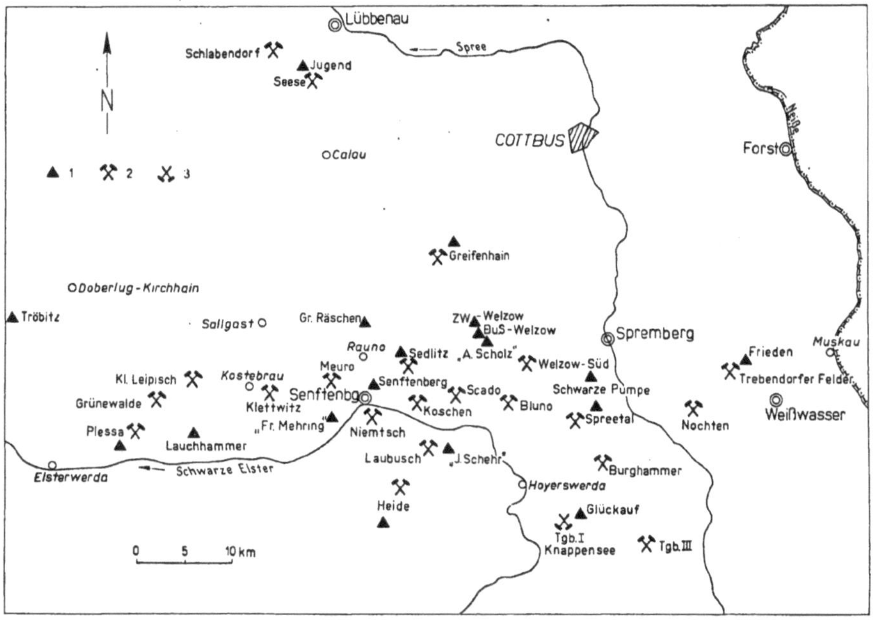

Abb. Die Braunkohlenwerke der Lausitz
Außerhalb des Kartenbereiches befinden sich die Braunkohlenwerke Finkenheerd bei Frankfurt (Oder), Berzdorf bei Görlitz und Hirschfelde bei Zittau

1 — Braunkohlenwerk, 2 — Tagebau in Betrieb, 3 — Tagebau außer Betrieb

Der Bergbau der Lausitz

Bereits seit Jahrhunderten wird in der Lausitz Braunkohlenbergbau betrieben. Die Kohle wurde teils im Tiefbau gewonnen, teils betrieb man Tagebaue, jedoch nur so weit, als man der anfallenden Wassermengen Herr werden konnte. So ist es verständlich, daß noch zu Anfang dieses Jahrhunderts zahlreiche kleine Braunkohlentief- und -tagebaue in Betrieb waren. Sie gingen insbesondere auf dem Oberflöz um, also auf den Hochflächen, auf denen der Wasserzufluß durch die kleinen Einzugsgebiete verhältnismäßig gering war. Mit der schrittweisen Auskohlung des Oberflözes mußte die Braunkohlenförderung in das Unterflöz verlagert werden, in dem heute der Bergbau ausschließlich umgeht. In der Lausitz wird im Bereich der VVB Braunkohle Cottbus gegenwärtig von 21 volkseigenen Braunkohlenwerken aus 17 Tagebauen Kohle gefördert. In fünf Tagebauneuaufschlüssen wird der Abbau vorbereitet. Die Kohleförderung wird in diesen Betrieben bis zum Jahre 1965 auf fast das Fünffache gesteigert. Es werden dann 124 Mill. t gegenüber 25 Mill. t im Jahre 1945 und 82 Mill. t im Jahre 1960 gefördert werden. Um diese Kohlemengen gewinnen zu können, muß die Abraumbewegung auf das Neunfache gesteigert werden, und zwar von 59 Mill. m^3 im Jahre 1945 auf 530 Mill. m^3 im Jahre 1965 bei einer Leistung von 315 Mill. m^3 im Jahre 1960. Um aber unserer volkseigenen Wirtschaft auch in den kommenden Jahren die erforderliche Primärenergie zu garantieren, werden weitere Braunkohlentagebaufelder aufgeschlossen werden müssen.

Das Bohrprogramm

Bohrungen sind in allen Bergbauzweigen die notwendige Voraussetzung für den Bergbaubetrieb. In der Braunkohlenindustrie sind sie ganz besonders zahlreich und umfangreich. Erfolgt doch die gesamte geologische Erkundung und Untersuchung der Lagerstätten ausschließlich durch Bohrungen. Weiterhin sind umfangreiche technische Bohrungen insbesondere zur Entwässerung des Deckgebirges niederzubringen, wie Filterbrunnen, Steck- und Fallfilter sowie Wetterbohrungen, um die Arbeiten in den Entwässerungsstrecken zu ermöglichen, und Steigleitungsbohrungen zum Heben des Wassers nach über Tage. Um in den untertägigen Wasserhaltungen die Pumpen betreiben zu können, sind Kabelbohrungen für die Stromzuführungskabel erforderlich. Zur Kontrolle des Entwässerungseffektes im Deckgebirge sowie der Entspannung im Liegenden sind Grundwasserbeobachtungsbohrungen, die im bergmännischen Sprachgebrauch als Pegel bezeichnet werden, notwendig. Dazu kommen noch Spezialbohrungen, wie Gefrier-, Temperaturmeß-, Baugrunduntersuchungs-, Erdungs- und Horizontalbohrungen. Schließlich werden auch Flucht- und neuerdings auch Fahr- und Förderschächte im Bohrverfahren niedergebracht, letztere nach verstärkter Einführung und Weiterentwicklung des Saugspülbohrens.

Für das Bohren von Förderschächten kommen das Gerät WB 160/40, von Fluchtschächten die S 300, von Brunnen das letztgenannte Gerät sowie die PS 150 zum Einsatz. Während diese drei Gerätetypen von der Salzgitter-AG geliefert worden sind, ist die S 100, ebenfalls ein Saugspülbohrgerät für kleine Bohrdurchmesser, insbesondere für Fallfilter, in unserer Republik entwickelt worden und wird vom VEB Montan, Leipzig, hergestellt.

Als weitere Bohrmethoden für die anderen Bohrungen kommen das Trocken-, das Spülmeißel- und das Rotarybohrverfahren zur Anwendung. Bei den beiden ersten Verfahren handelt es sich um althergebrachte Bohrmethoden, die nur dadurch verbessert worden sind, daß Seilschlagwinden mit Dieselmotoren oder maschinell angetriebene Spülpumpen verwendet werden.

Als Rotarybohrzeuge kommen die AKB 500 aus der DDR-Produktion, die FSB 304 der Salzgitter-AG, die UKB 100–2 und die URB 2 A aus der UdSSR zum Einsatz. Eine Übersicht über die Leistungen der Jahre 1960 und 1961 sowie die Planziffern des Jahres 1962 soll den Umfang und die Steigerung des Bohrprogramms in der Lausitz veranschaulichen (Tabelle).

Zu bemerken ist, daß die Bohrarbeiten teils durch betriebseigene Bohrgeräte der Braunkohlenwerke (etwa 40—50%), teils durch Bohrgeräte von Spezialbetrieben ausgeführt werden. Den größten Teil der letzteren bringt der VEB Braunkohlenbohrungen und Schachtbau, Welzow, nieder.

Die Streckenauffahrung

Wie bereits im vorstehenden Abschnitt erwähnt, wird die Entwässerung des Deckgebirges zum Teil durch Filterbrunnen herbeigeführt. Dieses Verfahren kann wirtschaftlich erst seit Einführung des Saugspülbohrens angewandt werden, da zu einer Filterbrunnenentwässerung eine größere Anzahl von Brunnen als Riegel in geringen Abständen voneinander niedergebracht werden müssen.

Die bisher gebräuchlichen Verfahren sind das Niederbringen von Schächten, das Auffahren von Strecken, das Niederbringen von Fallfiltern und das Stoßen von Steckfiltern. Das Grundwasser des Deckgebirges fließt durch die Filter den Strecken zu und wird durch sie fortgeleitet. Durch die Pumpen der Wasserhaltungen wird es dann nach über Tage gehoben. Um auch auf diesem Gebiet mit der Erhöhung der Kohleförderung Schritt zu halten und einen gewissen Entwässerungsvorlauf zu garantieren, muß die Auffahrung der Entwässerungsstrecken gesteigert werden. Damit die schwere bergmännische Arbeit erleichtert und insbesondere die Arbeitsproduktivität gesteigert werden kann, kommen in letzter Zeit in verstärktem Maße Streckenvortriebsmaschinen zum Einsatz, und zwar die Einheitsstreckenvortriebsmaschine BSV 60 des VEB Bergbaumaschinen, Seehausen, Bez. Magdeburg. Im Jahre 1962 sollten 40% der geplanten Streckenmeter maschinell aufgefahren werden.

Die Streckenauffahrung der Braunkohlenwerke der Lausitz hat sich in den letzten Jahren wie folgt entwickelt:

	1954	52779,7 m
	1958	79756,4 m
	1959	109896,0 m
	1960	138448,0 m
	1961	139395,1 m
Plan	1962	147985,0 m

Diese Zahlen entsprechen einer Vortriebsleistung von 1,11—1,75 m je tausend Tonnen Kohleförderung.

Die Entwässerung

Bei den vorstehend aufgeführten Leistungen der Streckenauffahrung sowie der in der Tabelle aufgezählten technischen Bohrungen wurde im Jahre 1961 ein Bestand von 330500 m Strecken, 5327 Steck- und Fallfiltern, 987 Filterbrunnen und 1183 Pegeln erreicht. Diesen Stand gilt es bei Fortschreiten der Tagebaue zu halten und sogar noch zu erweitern.

Von diesen Strecken sind 65% mit Steck- und Fallfiltern besetzt, während von den übrigen 20% für eine Abfilterung nicht in Frage kommen. Der durchschnittliche Fallfilterabstand beträgt 40 m. Er kann sich, je nach den entsprechenden Grundwasserzuflüssen, stellenweise bis auf 10 m verkürzen. Von den vorhandenen Fallfiltern sind 65% entwässerungswirksam, während 31% kein Wasser mehr erbringen und 4%, zumeist wegen der noch zu geringen Wasserableitungskapazität, noch nicht ihrem Verwendungszweck zugeführt werden konnten. Die Ergiebigkeit der Fallfilter ist verständlicherweise entsprechend dem Entwässerungsfortschritt sehr unterschiedlich. Bei noch nicht entwässertem Deckgebirge, insbesondere der pleistozänen Sande und Kiese, liefern sie bis zu 2000 l/min. In den in Förderung stehenden Tagebauen bringen sie zunächst im Durchschnitt 200—300 l/min und gehen später auf durchschnittlich 70—80 l/min zurück oder versiegen bei völliger Entwässerung des Deckgebirges oder infolge Verockerung der Filterfläche.

Von den vorhandenen Filterbrunnen sind 66,2% in Betrieb, während der Rest noch nicht angeschlossen bzw. mit Unterwassermotorpumpen (UWM-Pumpen) besetzt ist. Die durchschnittliche Förderung der Filterbrunnen beträgt 0,59 m^3/min bei maximalen Leistungen einiger Brunnen von über 4 m^3/min.

Zur Kontrolle der Grundwasserverhältnisse und insbesondere des Grundwassergefälles in der Nähe der Tagebauböschungen sowie des Wasserdruckes über den Entwässerungsstrecken und im Liegenden stehen im Durchschnitt 54 Pegel je Tagebau zur Verfügung.

Werden alle diese Maßnahmen der Bohrungen, Streckenauffahrung und Entwässerung nur ungenügend durchgeführt, so liegen einerseits keine genauen Kenntnisse über die Ablagerungsverhältnisse vor, und andererseits ist das Gebirge nicht ausreichend entwässert, so daß es zu Störungen in der Abraumbewegung kommt. Diese führen dann zu einer Untererfüllung in der Abraumleistung. Zumeist wirken sie sich jedoch noch schwerwiegender aus, da über diese hinaus Materialschäden an den Tagebaugeräten und -einrichtungen oder sogar Personengefährdung oder -schädigung auftreten können. Solcherart können sich Böschungsausbrüche, Rutschungen und Wassereinbrüche in den Strecken und Tagebauen auswirken. Erinnert sei nur an die Rutschung in der Kohlenbahnausfahrt des Tagebaus Spreetal im Jahre 1955, an den Abraumförderbrückeneinsturz in Klettwitz im Jahre 1958, an den Zusammenbruch des Schachtes B im Tagebau Burghammer im Jahre 1959 und an die zahlreichen Rutschungen bei den Aufschlußarbeiten im Tagebau Schlabendorf als einige Beispiele aus der Lausitz. Sie gilt es zu verhindern, wenn maximale Leistungen im Gesamtkomplex der Entwässerung erreicht werden sollen.

Tabelle. Art der Bohrungen im Lausitzer Braunkohlenrevier

	Inv. u. Betriebsuntersuchungen		Pegel		Steck- und Fallfilter		Filterbrunnen		Kabel-, Wetter-, Steigl. u. sonstige		Insgesamt	
	Anzahl	m	Anzahl	m	Anzahl	m	Anzahl	m	Anzahl	m	Anzahl	m
1960	4692	278112	406	15697	2595	108436	451	22660	1258	48164	9402	473069
1961	3913	248278	396	16884	3024	136981	459	22327	1618	59150	9410	483620
1962	4362	266193	314	14646	4386	187492	465	23704	1310	63787	10837	555822

Die Wasserhebung und -einleitung

Die aus den Tagebauen in die Vorflut eingeleiteten Wassermengen wurden im Jahre 1961 zu 41% aus den Wasserhaltungen der Entwässerungsstreckensysteme mittels Kreiselpumpen, neuerdings zum Teil auch durch 10 m³/min-Unterwassermotorpumpen, gehoben. Ihnen fließen die Wasser aus dem hangenden Deckgebirge durch Steck- und Fallfilter zu.

Zu 31% wurden die eingeleiteten Wassermengen aus den Filterbrunnengürteln gehoben, die zur Abriegelung der Grundwasserzuflüsse zu den Kohlenfeldern oder zur Unterstützung der Strecken- und Fallfilterentwässerung angelegt werden. Diese Wasserförderung erfolgt hauptsächlich mit Unterwassermotorpumpen mit Förderleistungen von wenigen hundert Litern bis zu mehreren Kubikmetern pro Minute.

Die restlichen 28% werden mittels Kreiselpumpen aus den offenen Tagebauen oder den Tagebaurestlöchern gehoben. Der Wasserspiegel der letztgenannten Restlöcher muß in vielen Fällen zur Sicherung der benachbarten noch in Förderung stehenden Tagebaue tief gehalten oder für in der Nähe liegende Neuaufschlüsse gesümpft werden. Zur Zeit sind in der Lausitz aus dem Oberflöz-, aber auch schon aus dem Unterflözbetrieb 110 Restlöcher vorhanden, deren Ausmaß und Wasserinhalt sehr unterschiedlich sind. Insgesamt umfassen sie mit über 3000 ha annähernd eine Fläche wie die des Plauer Sees im Bezirk Schwerin. Hierin sind die zahlreichen, jedoch sehr kleinen Restlöcher des Muskauer Faltenbogens nicht mit einbezogen. Nur ein Tagebaurestloch, der ehemalige Tagebau I des Braunkohlenwerkes „Glückauf" in Knappenrode, sei erwähnt. Es ist der 313 ha große Knappensee. Er dient als Hochwasserrückhaltebecken im Schwarze-Elster-Gebiet und wird zum Erholungszentrum für die neue Wohnstadt Hoyerswerda ausgebaut.

Eine Beeinflussung der Wasserhebung durch die Niederschläge und damit Schwankungen in der Wasserförderung sind nicht zu erkennen, es sei denn, daß bei einem Gewitterregen der offene Tagebau durch das Oberflächenwasser kurzzeitig in Mitleidenschaft gezogen wird oder durch Blitzeinschlag bzw. durch Gewitter bedingte Stromabschaltungen die Stromzuführung zu den Wasserhaltungen ausfällt. Die Messungen der Station Großräschen aus den obenangegebenen Jahren schwanken zwischen 502 mm und 676 mm Jahresniederschlag und zeigen damit wohl die charakteristischen Werte für das Kernrevier. Dabei bewegen sich die Winterniederschläge zwischen 155 mm und 269 mm und die Sommerniederschläge zwischen 344 mm und 443 mm.

Die Gesamtwasserhebung aus den Tagebauen der Lausitz und damit die Einleitung in die Vorflut stieg in den letzten Jahren erheblich an. Dies war eine Folge der Steigerung der Entwässerungsmaßnahmen in den in Betrieb befindlichen Tagebauen und der Aufnahme der Grundwasserabsenkung für die Tagebauneuaufschlüsse. Lag im Januar 1958 die Wasserhebung noch bei 867,37 m³/min, so wurde die Einleitung bis zum November 1961 auf 1387,90 m³/min gesteigert und blieb dann bis zum heutigen Tage annähernd konstant. An der Spitze der Wasserhebung steht zur Zeit noch das Braunkohlenwerk Spreetal mit 229,50 m³/min aus einem Tagebau, der bis zum Beginn der Aufschlußarbeiten im Tagebau Burghammer des Kombinats „Schwarze Pumpe" als östlichster Tagebau im Lausitzer Urstromtal die größten Wasserzuflüsse hatte und bei dem keinerlei gegenseitige Tagebaubeeinflussung vorlag. Die Wassereinleitung der letzten vier Jahre teilt sich im Jahresdurchschnitt auf die drei Flußgebiete der Oder—Neiße, der Spree und der Schwarzen Elster wie folgt auf:

Jahr:	Oder—Neiße:	Spree:	Schwarze Elster:	Gesamt:
	(in m³/min, Jahresdurchschnitt)			
1958	37,41	253,76	582,42	873,59
1959	36,82	352,59	562,86	952,27
1960	14,30	501,30	580,80	1096,40
1961	11,90	668,70	639,40	1320,00

Die Gesamtwassermenge von 1320 m³/min im Jahre 1961 entspricht einer Tagesmenge von 1,9 Mill. m³ und 693,8 Mill. m³ im Jahr, die bei einem täglichen Verbrauch je Kopf der Bevölkerung von 300 l dem Wasserbedarf von 6,3 Mill. Menschen entspricht.

Im genannten Zeitraum von 1958 bis 1961 haben sich die Gesamtwassermengen auf 151% gesteigert. Während die Wassermengen im Oder — Neiße-Gebiet infolge Stilllegung von Tief- und Tagebauen in Finkenheerd sowie im Muskauer Faltenbogen bzw. des Abwanderns von Tagebauen in das Spreegebiet auf 32% zurückgingen, wurde im Flußgebiet der Spree, besonders durch die Tagebauneuaufschlüsse für das Kombinat „Schwarze Pumpe", die Wassereinleitung auf 264% und im Schwarze-Elster-Gebiet dieselbe auf 110% gesteigert. In der Perspektive ist zu erwarten, daß sie im Spreegebiet auf 480% und im Gebiet der Schwarzen Elster vorübergehend auf 115% ansteigen wird.

Zu beachten ist noch die Wasserqualität mit Werten von pH= < 3 bis 8, einem Eisengehalt von 1—250 mg/l und einer Gesamtverschmutzung von 10—> 250 mg/l als zeitweilige Maximalwerte. Zur Reinhaltung der Gewässer müssen also das Grubenabwasser neutralisiert und der anfallende Eisenhydroxydschlamm sowie die anderen absetzbaren Stoffe, insbesondere die Kohletrübe, zum Absetzen gebracht werden. Die hierfür erforderlichen Grubenwasseraufbereitungsanlagen werden zur Zeit projektiert.

Die Gesamtwasserhebung des Braunkohlenbergbaus der Lausitz bezogen auf die Kohleförderung, denn die Kohle ist ja das Hauptprodukt des Braunkohlenbergbaus, stieg von 5,80 m³ je Tonne Kohle im Jahre 1955 auf 7,27 m³ je Tonne Kohle im Jahre 1961. Die Tagebaue der Lausitz sind somit gleichzeitig große Grundwasserwerke mit entsprechender Abraumbewegung und Kohleförderung.

Zusammenfassung

Ausgehend von der allgemeinen Bedeutung des Wassers für den Bergbau wird zunächst ein kurzer Überblick über die Geologie und den Braunkohlenbergbau der Lausitz gegeben. Angaben über Bohrungen und Streckenauffahrung in Art und Menge geben Aufschluß über die umfangreichen Entwässerungsmaßnahmen, die notwendig sind, um einen kontinuierlichen Braunkohlentagebaubetrieb zu gewährleisten. Die Fördermengen der Entwässerungsbohrungen und Wasserhaltungen sowie die Gesamtwasserhebung und die

Einleitung in die Vorflut zeigen die erhebliche gegenseitige Beeinflussung von Braunkohlenbergbau und Wasserhaushalt in der Lausitz.

Резюме

Исходя из общего значения воды для горного дела дается вступительно краткий обзор о геологии и добыче угля в Лужице. Данные о скважинах и проходках штреков по роду и количеству дают представление об обширных мероприятиях осушения, необходимых для обеспечения непрерывной добычи бурого угля открытым способом. Дебитные количества осушительных скважин и водоотливов, а также подъем суммарных количеств воды и их отвод в водоприемники обнаруживают значительное взаимное влияние между добычей бурого угля и водным балансом.

Summary

Proceeding from the general importance of water to mines the geology and brown-coal mining of Lusatia is briefly reviewed. Drilling and road heading data with reference to type and quantity inform about extensive drainage measures required to secure a continuous operation of brown-coal opencast mining. The considerable interaction of brown-coal mining and water resources in Lusatia is shown by the output of drainage drillings and pumps, as well as by the total raising of water and inlet into the outfall.

Hydrogeologische Probleme im Steinkohlenrevier von Ostrava–Karviná[1]

IMRICH ORMANDY, Ostrava

Verfasser geht besonders auf die Ergebnisse der in den letzten fünf Jahren von Mitarbeitern des Grubenkombinats von Ostrava—Karviná, des „VEB Kohlenerkundung", des Zentralen Geologischen Instituts und des Instituts für Bergbau bei der Tschechoslowakischen Akademie der Wissenschaften durchgeführten intensiven Erkundung der Steinkohlenlagerstätten ein. Die Grundlage dieser Veröffentlichung bilden die Arbeiten von I. PIŠTA (1959), R. MICHALEK (1959), A. JURKOVÁ (1959), I. CÍCHA (1958, 1959), V. HOMOLA (1959) und die Ergebnisberichte über die geologische Erkundung der einzelnen Schachtfelder.

1. Geologische Charakteristik des Steinkohlenreviers von Ostrava—Karviná

Der größte Teil des Steinkohlenbeckens von Górny Śląsk, das die Form eines gerundeten Dreiecks hat, liegt in der Volksrepublik Polen. Da die während des Unter- und Oberkarbons in seinem nordwestlichen Teil herrschenden strukturellen und paläogeographischen Verhältnisse unbekannt sind, ist seine tektonische Entstehung bis jetzt noch nicht endgültig geklärt. Im östlichen Teil des Beckens ist das Unterkarbon durch die Fazies des „Kohlenkalkes" vertreten, im westlichen Teil durch die Flyschfazies des „Kulms". Die oberkarbonischen Gesteine folgen kontinuierlich auf die „kulmischen" Sedimente. Lediglich im Osten ist eine Diskordanz zwischen Unter- und Oberkarbon zu beobachten. Im tschechoslowakischen Teil hörte die Sedimentation im Westfal mit den Schichten von Doubrava auf, und das Gebiet war im ganzen Mesozoikum und im älteren Tertiär Festland. Erst im Miozän erfolgte eine durch die Entstehung der Karpatenvortiefe hervorgerufene marine Transgression, nach der sich eine junge Sedimentüberdeckung bildete.

In tektonischer Hinsicht ist das Becken von Górny Śląsk zonar aufgebaut: Es gliedert sich in eine mobile Zone mit alpinotypen Strukturmerkmalen im westlichen Teil und in eine stabile Zone mit germanotypen Strukturmerkmalen im östlichen Teil. Dazwischen liegt eine Zone mit Übergangscharakter (J. ZEMAN 1959). Das wesentliche Strukturelement des Steinkohlenreviers von Ostrava—Karviná bildet die östliche Flanke des Antiklinoriums, das allmählich in ein Synklinorium und weiter östlich in eine Metabrachysynklinale übergeht.

Das begrabene Relief der karbonischen Schichten entstand durch kontinentale Verwitterung und Denudation im Zeitraum von Ende Westfal bis zum Beginn der Transgression im Torton. Die alte Oberfläche besitzt im Lagerstättenbereich die Form relativ steiler Bergketten und schmaler, tiefer, E—W streichender Täler (Auswaschungen); von West nach Ost ist eine gewisse Abdachung festzustellen. Die relative Höhe der Gipfel der Bergketten beträgt im Mittel 700—800 m, die größte 1250 m. Die wichtigsten Gebirgszüge sind der von Ostrava—Karviná, der im Norden in das Tal von Dětmarovice und im Süden in das Tal von Bludovice übergeht, und südlich davon die Züge von Paskov und Žukov und von Příbor-Těšín. Das Tal von Bludovice beginnt im Unterkarbongebiet und durchzieht in einer Länge von über 30 km den tschechoslowakischen Teil des Beckens.

Entsprechend der geologischen Entwicklung unterscheidet man zwei Gebiete der känozoischen sedimentären Überdeckung — das nördliche und das südliche Gebiet. Im nördlichen, durch den Rücken von Ostrava—Karviná geschaffenen Gebiet bestehen die känozoischen Sedimente aus miozänen basalen klastischen Gesteinen, welche die einzelnen Täler (Auswaschungen) und Reliefformen ausfüllen und wiederum von tortonischen mergelig-tonigen Gesteinen überdeckt werden. Unmittelbar unter der Oberfläche liegen Sande und Tone des Quartärs. Die Mächtigkeit aller dieser Gesteine erreicht bis 1000 m.

Im südlichen, durch den Příbor-Těšín-Rücken geschaffenen Gebiet sind Kreide und Paläogen durch silesische und subsilesische Bewegungen auf Neogen überschoben. Stellenweise liegen unter den basalen miozänen klastischen Gesteinen noch Reste älterer Karpatenüberschiebungen. In einigen Fällen bilden die klastischen Gesteine an der subsilesischen Überschiebung die sog. Chorynsker Schichten.

Die etwa den Höhenzügen von Paskov und Žukov folgende Außenlinie der Überschiebungen bildet die Grenze zwischen beiden Gebieten (Abb.).

[1] Vortrag, gehalten auf dem I. Internationalen Kolloquium junger Geologen vom 2. bis 8. 10. 1960 in Potsdam. — Übersetzung aus dem Russischen: W. OESTREICH

2. Bisherige hydrogeologische Untersuchungen

Die Grundwässer im Miozän sind besonders im östlichen Teil des Gebietes von Ostrava—Karviná bereits seit mehreren Jahrhunderten bekannt. Aus den Salzwässern wurde lokal jod- und bromhaltiges Salz durch Verdunstung gewonnen. Die Ende des vorigen Jahrhunderts auf Kohle niedergebrachten Erkundungsbohrungen förderten die Nutzung dieser Wässer für Heilzwecke. Mit der Untersuchung der Wässer der Kohlenlagerstätten befaßte man sich kaum, da nicht angenommen wurde, daß sie die Grubenbaue wesentlich beeinflussen. Erst nach der Grubenkatastrophe im Jahre 1902, als beim Abteufen des Bedřich-Schachtes in Ostrava Wasser und Gas aus den basalen miozänen Lockerschichten — dem „Detritus" — in die Schächte einbrachen, wurde mit der Untersuchung der wasserführenden Horizonte begonnen, um eine weitere Gefährdung des Abbaus in den Grubenfeldern auszuschalten. So wurden sechs Jahre lang Entwässerungsversuche auf dem Bedřich-Schacht ausgeführt, mit der Untersuchung des Wasserzuflusses auf allen Gruben begonnen und zur Untersuchung von Verbreitung und Mächtigkeit der basalen klastischen Gesteine Bohrungen gestoßen.

Eine systematische hydrogeologische Untersuchung des Gebietes von Ostrava—Karviná erfolgte aber erst nach der Schaffung des „VEB Kohlenerkundung" im Jahre 1952.

3. Beschreibung der wasserführenden Horizonte

Im Gebiet von Ostrava—Karviná unterscheidet man folgende selbständige Gruppen wasserführender Gesteinskomplexe:

a) Quartär
b) Gesteine der Karpatenüberschiebungen
c) Neogen der Randsenke
d) Karbon

Je nach den örtlichen strukturellen und tektonischen Verhältnissen können die wasserführenden Horizonte der einzelnen Gruppen miteinander in Verbindung stehen.

a) Grundwässer im Quartär

Die Grundwässer im Quartär stehen mit dem Alluvium der Flüsse dieses Gebietes (Olša, Ostravica, Odra und ihre Zuflüsse) in Zusammenhang. Die Sande und Kiese werden stellenweise 50 m mächtig. Die Schüttung der Quellen liegt bei 60 l/min und ist ziemlich konstant.

Die wasserführenden Horizonte werden hauptsächlich durch die Oberflächenwässer der Flüsse und Bäche, teilweise durch die atmosphärischen Niederschläge gespeist.

b) Grundwässer in Gesteinen der Karpatenüberschiebungen

Die Gesteine der Karpatenüberschiebungen sind im allgemeinen wasserundurchlässig. In einzelnen Lagen der Sandsteine und Kalke kommen in geringer Menge Spaltenwässer vor, die wenig untersucht sind; ihre Eigenschaften sind daher fast unbekannt. Reiche wasserführende Horizonte wurden nur in den lockeren Chorynsker Schichten, die tektonisch in den unteren Teil der Überschiebung gehören, festgestellt.

c) Grundwässer im Neogen der Randsenke

Die wasserführenden Horizonte im Neogen sind 1. an Zwischenlagen verfestigter, selten lockerer Sande der mergeligen Tonserie des Unteren Tortons und 2. an die basalen klastischen Gesteine des Unteren Miozäns — den „Detritus" — gebunden.

Die Mächtigkeit der Sande in den mergeligen Tonen ist unerheblich; sie beträgt einige cm oder dm und erreicht nur in Sonderfällen Meter. Im Streichen lassen sich diese Sande auf Hunderte von Metern verfolgen, und nach den Ergebnissen der Pumpversuche ist anzunehmen, daß sie im Streichen bis über mehrere Kilometer aushalten. Im Profil der gesamten Folge kommen Dutzende wasserführender Horizonte vor, die voneinander isoliert auftreten.

Die Ergiebigkeit der einzelnen Horizonte ist ziemlich gering: nach Pumpversuchen liegt sie in der Größenordnung von 10 l/min. Chemisch handelt es sich um Na-Ca-Chloridwässer mit mittlerer und hoher Mineralisation von 10—40 g/l. Höhere Gehalte an Jod (20 bis 60 mg/l) und Brom (bis 100 mg/l) sind bekannt. Die Wassertemperatur ändert sich mit der Tiefe des Horizonts.

In den Erkundungsbohrungen werden die einzelnen wasserführenden Horizonte durch elektrische Bohrlochvermessung nachgewiesen. Die Pumpversuche erfolgen aus den einzelnen Horizonten getrennt.

In hydrogeologischer und bergbautechnischer Hinsicht bilden die Grundwässer im „Detritus" den wichtigsten wasserführenden Horizont.

A. JURKOVÁ (1959) unterscheidet drei Haupttypen des „Detritus". Beim ersten Typ handelt es sich um kontinentale Brekzien aus Trümmern bunter verwitterter karbonatischer Gesteine verschiedener Korngröße mit sandig-tonigem Bindemittel. Diese Brekzien sind an die Abhänge tiefer Täler (Auswaschungen) des präneogenen Reliefs gebunden, ihre Mächtigkeit erreicht stellenweise 75 m. Gleichen Charakter haben auch die eluvialen marinen Brekzien, deren Mächtigkeit zwischen 3 und 5 m liegt.

Zum zweiten Typ des „Detritus" gehören die Sande aus dem Burdigal, bekannt aus Denudationsresten in Jakloviec (O. GAUSS 1936) und in Karviná. Es sind feinkörnige Quarzsande oder Aleurite mit Kalksandsteineinschaltungen, die eine reiche Mikrofauna enthalten. Die Sande liegen auf der Oberfläche verwitterter karbonischer Gesteine und sind von polymikten untertortonischen sandigen Schottern überdeckt. Sie wurden in einem epikontinentalen Meer auf einer Fastebene abgelagert.

Beim dritten Typ handelt es sich um untertortonischen sandigen Schotter mit polymikter Zusammensetzung. Neben Trümmern karbonischer Gesteine enthält er Quarzgerölle, sog. exotisches Material aus dem Karpatenflysch, und selten Trümmer gewisser fester kretazischer Gesteine. In tieferen Bereichen der Karbonoberfläche enthält der Schotter große Karbonblöcke. Der „Detritus" des dritten Typs wurde durch fließendes Wasser herantransportiert. Die Ablagerungen entstanden im Torton.

Auf dem karbonischen Relief bildet der „Detritus" eine zusammenhängende Schicht. Im Gebiet von Ostrava—Karviná bedeckt er etwa ein Viertel der Oberfläche des produktiven Karbons.

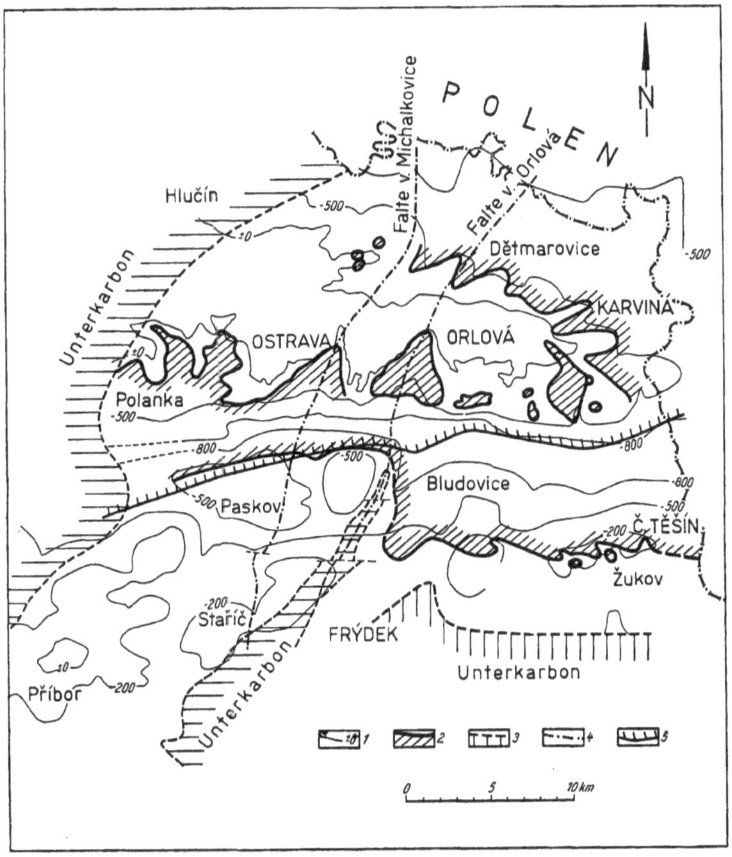

Karte des Gebiets von Ostrava—Karviná

1 — Isohypsen der Karbonoberfläche, 2 — Grenzen der Verbreitung des „Detritus", 3 — Unterkarbon, 4 — Achsen der Antiklinalfalten, 5 — Linie der Karpatenüberschiebungen

Auf der Südabdachung des Rückens von Ostrava—Karviná erreicht der „Detritus" die absolute Höhenmarke von —100 m, bei dem Dorf Solca +100 m. Auf der nördlichen Abdachung liegt er um vieles niedriger, und zwar bei —300 m NN.

Südlich der Auswaschung von Bludovice bildet der sandige Schotter im unteren Teil der „Chorynsker Schichten" das Äquivalent des „Detritus" unter den Karpatenüberschiebungen.

Die „Detritusfolge" stellt einen gespannten wasser- und gasführenden Horizont dar; für die Lage des Grundwasserspiegels sind Werte unter NN charakteristisch. Im westlichen Teil des Gebietes von Ostrava—Karviná liegt der Grundwasserspiegel bei +138 bzw. +110 m, im Tal von Bludovice bei +124 m, d. h. 80—90 m unter der Geländeoberfläche. Das bezieht sich auf das statische Niveau des unverritzten wasserführenden Horizonts. Im östlichen Teil des Gebiets, in dem die Grundwässer z. T. abgepumpt werden, geht das ständige Niveau auf +50 m NN herunter, im Tal von Dětmarovice sogar auf —40 m; es handelt sich hier um das dynamische Niveau.

Die Eigenschaften der Grundwasserhorizonte hängen von der Korngrößenzusammensetzung der Gesteine ab; in gut sortierten Bereichen ist die Wasserdurchlässigkeit höher. Nach Pumpversuchen und Laboratoriumsuntersuchungen liegt der Filtrationskoeffizient in der Größenordnung von 10^{-3}—10^{-4}cm/s. Diese relativ niedrigen Werte sind auf den großen Anteil der tonigen Fraktion im „Detritus" zurückzuführen.

Die statischen Wasservorräte im „Detritus" sind bis jetzt noch nicht berechnet worden. Lediglich im Tal von Bludovice nimmt man einen Wasservorrat von 1 Mrd. m^3 bei einem Wassergehalt des Gesteins von 10% an.

Im südlichen Teil des Gebietes von Ostrava—Karviná kommen die Grundwässer in linsenartigen Horizonten der Chorynsker Schichten vor. Ihre Eigenschaften ändern sich ebenso wie das statische Niveau. Gegenüber den Wässern des „Detritus" ist für diese ein höherer Jodgehalt kennzeichnend.

Die chemische Zusammensetzung der Grundwässer bildet einen guten Indikator für die Wechselbeziehungen der verschiedenen wasserführenden Horizonte untereinander, für ihre Beziehungen zu den Oberflächenwässern und für ihre Entstehung.

Sowohl im Streichen der wasserführenden Horizonte als auch im geologischen Profil des Gebietes unterscheiden sich die Wässer hinsichtlich ihrer Gesamtmineralisation, der chemischen Zusammensetzung und des Gehalts an Gasen.

Nach R. MICHALEK (1959) unterscheidet man folgende Wassertypen, zwischen denen wahrscheinlich Übergänge bestehen:

1. Na-Ca-Chlorid-Typ mit mittlerer und hoher Mineralisation. Wässer dieses Typs kommen im östlichen und mittleren Teil des Gebiets vor. Ihre Verbreitung ist mit der Verbreitung von Methan in den Wässern nahezu identisch. Eine in 439 m Tiefe aus einer Bohrung bei Stonavá entnommene Probe enthielt 24,5 g Cl/l, 77 mg J/l, 86 mg SO_4/l bei einer Gesamtmineralisation von 43,8 g/l.
2. Na-Hydrokarbonat-Typ mit geringer und mittlerer Mineralisation. Die Wässer enthalten 0,5—0,6 g/l Cl, 10—50 mg/l SO_4, 5—6 g/l HCO_3 bei einer Gesamtmineralisation von 8—10 g/l und gelöstem CO_2. Diese Wässer kommen im westlichen Teil des Gebietes im „Detritus" vor.

Bei den Wässern des ersten Typs ist eine vertikale Zonarität zu beobachten. Die Wässer im „Detritus" sind in einem wesentlich geringeren Grad mineralisiert als die Wässer in den sandigen Lagen der mergeligen Tone, in denen auch Jod auftritt.

Im allgemeinen handelt es sich bei den Wässern des ersten Typs genetisch um fossile Meereswässer, die bei den geochemischen und biochemischen Prozessen, welche die Bildung der Bitumina begleiten, metamorphosiert wurden. Die Bildung der Wässer des zweiten Typs aus fossilen Meereswässern erfolgte nach R. MICHALEK (1959) durch das Eindringen alkalischer hydrokarbonatischer Wässer in die Sedimente, gleichzeitig mit deren Ablagerung. Die Grundwässer haben, wie die Untersuchungen ergaben, keine Beziehung zu den Oberflächenwässern. Der „Detritus" ist von einer 1000 m mächtigen Folge wenig durchlässiger mergeliger Tone (Filtrationskoeffizient 10^{-7}—10^{-5}cm/s) überdeckt. Die Tone isolieren auch die einzelnen wasserführenden Horizonte voneinander. Die Menge der den Abbauen zusitzenden Wässer zeigt, daß sich die einmal abgepumpten statischen Vorräte nicht erneuern und die entwässerten Gesteine trocken bleiben.

d) Die Grundwässer in Gesteinen der Steinkohlenformation

Die Gesteine der Steinkohlenformation sind im allgemeinen wasserfrei und im überwiegenden Teil ihres Verbreitungsareals von der Oberfläche isoliert. Aus den Hangendgesteinen dringen aber auf tektonisch gestörten Zonen und Klüften Wässer ein, und in den Sandsteineinschaltungen entstehen dadurch kleine Wasserhorizonte. Die Menge der den Grubenbauen zusitzenden Spaltenwässer liegt in der Größenordnung von Litern pro Minute. Zu den Spaltenwässern kann man auch die wasserführenden Horizonte in den verwitterten und zerstörten karbonischen Gesteinen rechnen, wenn sie nicht in einen Horizont der Deckgesteine eindringen.

Von größter Bedeutung für den Bergbau sind die tektonisch gestörten Zonen, in die Wässer der Hangendgesteine, besonders aus dem „Detritus", eindringen können. In solchen Zonen ist die Menge des zusitzenden Wassers ziemlich hoch.

Färbungsversuche zur Ermittlung der Durchlässigkeit ergaben folgendes:

Das gespannte Wasser eines Horizonts floß mit einer Geschwindigkeit von 17—30 m/24 h 130 m; in tektonisch gestörten karbonischen Gesteinen floß es mit einer Geschwindigkeit von 50—150 m/24 h in einer Erstreckung von 2 km. Wässer aus dem „Detritus" zirkulieren daher auf dem Spaltennetz des festen Gebirges über erhebliche Entfernungen.

4. Verfahren zur Entwässerung des „Detritus"

Die Sicherheit der bergbaulichen Arbeiten im Liegenden des „Detritus" kann durch Abpumpen der statischen Vorräte und Entgasung des „Detritus" gewährleistet werden. Die Entwässerung kann durch Entwässerungsstrecken, Bohrungen von der Oberfläche her oder durch beide Methoden gleichzeitig erfolgen. Die anfänglich erheblichen zusitzenden Wassermengen werden so allmählich herabgesetzt.

Die Entwässerung und Entgasung des „Detritus" erfolgt durch Grubenbaue, die ein Drainagesystem erzeugen. Die Absenkung des Wasserspiegels sowie die Druckabnahme werden in Bohrungen beobachtet. In der Nähe der Entwässerungsstellen bildet sich eine Zone aus, in der der wasserführende Horizont keine gespannten Wässer mehr aufweist.

Die dem „Detritus" gegenwärtig entzogene Wassermenge beträgt 4 m^3/min, das entspricht rd. 2 Mill. m^3/Jahr.

Der Gesamtwasserzufluß zu den Grubenbauen (114 km^2) beträgt 29 m^3/min; der spezifische Zufluß pro 1 km^2 also 253 l/min. Über die Hälfte davon entfällt auf Schächte, in denen die karbonischen Gesteine nicht von Tertiär überdeckt sind. In Grubenfeldern unter miozänen Schichten beträgt der spezifische Wasserzufluß 150 l/min.

In neuen Grubenfeldern im südlichen Teil des Gebiets von Ostrava—Karviná ist die hydrogeologische und die Gascharakteristik der Wässer anders als in den in Betrieb befindlichen Gruben des nördlichen Teiles. Im südwestlichen Teil des Gebietes kommen nur geringmächtige wasserführende Horizonte vor.

5. Die volkswirtschaftliche Bedeutung der Grundwässer

Die Chloridwässer im östlichen Teil des Gebietes von Ostrava—Karviná werden auf Grund ihres Jod- und Bromgehaltes für Heilzwecke und teilweise zur Gewinnung von Mineralsalz benutzt. Damit sind natürlich noch nicht alle Möglichkeiten, wie Schaffung von Kurorten an den Ufern künstlicher Wasserbecken mit „Meer"wasser, die Gewinnung von Salzen und Trinkwasser, ausgeschöpft. Das Wasser aus dem „Detritus" im westlichen Teil des Gebietes könnte vielleicht nach entsprechender Aufbereitung für die Wasserversorgung verwendet werden.

6. Schlußfolgerungen

Die Ergebnisse der bisherigen Untersuchungen genügen nicht für eine vollständige Beurteilung der hydrogeologischen Verhältnisse des Gebietes von Ostrava—Karviná. Es sind daher noch folgende Arbeiten durchzuführen:

1. Festlegung der Grenze des „Detritus" im gesamten Gebiet von Ostrava—Karviná
2. Untersuchung der Eigenschaften der waserführenden Horizonte in wenig erkundeten Bereichen
3. Bestimmung der Grenze der Wasser- und Gasführung des „Detritus"
4. Untersuchung der Wechselbeziehungen zwischen den wasserführenden Horizonten
5. Prüfung der Möglichkeit, den „Detritus" durch Bohrungen von der Tagesoberfläche aus zu entwässern

Alle diese Forschungs- und Erkundungsarbeiten sind Voraussetzung für die Lösung des Hauptproblems: Gewinnung der von „Detritus" überdeckten Steinkohlenflöze. Ihre bisher erkundeten Außerbilanzvorräte bilden ein Fünftel aller geologischen Vorräte.

Zusammenfassung

Nach der geologischen Charakteristik des Steinkohlenreviers von Ostrava—Karviná beschreibt Verf. die wasserführenden Horizonte und die Wassertypen. Den hydrogeologisch und bergbautechnisch wichtigsten wasserführenden Horizont bildet der „Detritus", d. h. die basalen klastischen Gesteine des Unteren Miozäns. Ziel aller Untersuchungs- und Erkundungsarbeiten ist die Gewinnung der von „Detritus" überdeckten Steinkohlenflöze (Außerbilanzvorräte), die einem Fünftel der bisher erkundeten geologischen Vorräte entsprechen.

Резюме

Охарактеризовав геологию каменноугольного района Острава—Карвина, автор описывает водоносные горизонты и типы вод. Так наз. „детрит", т. е. базальные обломочные породы нижнего миоцена, является важнейшим водоносным горизонтом в гидрогеологическом и горнотехническом отношениях. Цель всех исследовательских и разведочных работ заключается в разработке перекрытых „детритом" каменноугольных пластов (забалансовых запасов), составляющих одну пятую разведанных до сих пор геологических запасов.

Summary

A geological characteristic of the Ostrava—Karviná coal district is followed by a description of the water-bearing horizons and types of water. The most important water-bearing horizon from a hydrogeological and mining point of view is formed by the „detritus", i. e. basal clastic rocks of the Lower Miocene. The aim of all reconnaissance and exploration works is the extraction of coal seams (external balance reserves) covered by the „detritus", which correspond to one fifth of the geological reserves so far reconnoitred.

Literatur

CÍCHA, J.: Mikrobiostratigraphie des Miozäns im Gebiet von Ostrava. – Sammelbd. Geol. Zentralamt, Abt. Paläont., Prag 1959 (tschech.).
VRBICKÝ, B. & J. ŠULC: Die Ermittlung der Wechselbeziehungen der Grundwässer. – Z. „Kohle", I, Nr. 6, S. 190–194, Prag 1959 (tschech.).
Sammelband der Arbeiten der Konferenz über die Geologie des Gebiets von Ostrava – Karviná. – Ostrava 1959 (tschech.).

Gesteinstechnische Untersuchung der Quarzporphyre im Raum Wurzen (Nordwestsachsen)[1]

MANFRED FISCHER, Weimar

Die Gesteine

Der östliche Teil des Untersuchungsgebietes wird vom älteren Rochlitzer Quarzporphyr beherrscht. Im westlichen Teil tritt, neben einigen Vorkommen von Pyroxengranitporphyr, der Pyroxenquarzporphyr auf. Einige Aufschlüsse (Kieferberg, Wolfsberg) bestätigen das höhere Alter des Rochlitzer Quarzporphyrs und des Pyroxenquarzporphyrs gegenüber dem Pyroxengranitporphyr.

1. Rochlitzer Quarzporphyr

Der Rochlitzer Quarzporphyr tritt in mehreren Varietäten auf (PIETZSCH 1956). Neuerdings werden die Vorkommen im SE des Untersuchungsgebietes als Dornreichenbacher Quarzporphyr abgegrenzt (LEMCKE 1957). Eine nähere Untersuchung dieser Varietät erfolgte im Steinbruch am Stolpenberg bei Dornreichenbach. Die porphyrische Struktur des Gesteins ist durch das Vorherrschen der Grundmasse deutlich. Die Grundmasse besitzt ein sehr ausgeprägtes Fluidalgefüge, das auf Bruchflächen zwar schlecht, auf manchen Plattenflächen und auf dazu parallelen Anschliffen aber gut zu beobachten ist. Kleine, selten über 25 cm lange Flasern umfließen einzeln oder angehäuft in schlängelnder Bewegung annähernd parallel die Einsprenglinge, und zwar in einer Fließrichtung, die bis zu 25° nach NW einfällt.

Häufig sind flache, mit Quarz und Turmalin gefüllte Hohlräume von wenigen Zentimetern im Durchmesser. Im Steinbruch treten verschiedene, sich durch ihren Gehalt an Roteisen unterscheidende Ausbildungen auf.

Das mikroskopische Bild zeigt in einer mikro- bis kryptokristallinen Grundmasse 2–6 mm große Einsprenglinge, vorwiegend von Quarz und Orthoklas, zurücktretend von Plagioklas und Biotit. Fast alle Einsprenglinge besitzen glatte Umrisse, so daß keine enge Kornbindung zwischen den großen Kristallen und der Grundmasse vorliegt. Das Verhältnis von Grundmasse zu Einsprenglingen liegt bei 2:1. Der Plagioklas ist stärker angegriffen als der Orthoklas. Die Trübung besteht aus einem hochbrechenden Glimmermineral und Kaolinit. Die Zwillingslamellen sind manchmal nur mit Mühe, zuweilen gar nicht mehr zu erkennen. Biotit tritt in vollständiger Form oder in kleinen Fetzen auf, oft umgewandelt in Chlorit und Magnetit. Er ist in das fluidale Fließgefüge parallel eingeregelt. Die mikro- bis kryptokristalline Grundmasse besteht aus 2–15 µ, meist 3 µ großen und miteinander verzahnten Komponenten von Quarz, Feldspat, Eisenglanz, Magneteisen, Biotit, Apatit und Zirkon. Unregelmäßig verteilt liegen darin feinste Roteisenschüppchen, die dem Schliff bei Auflicht einen rötlichen Schimmer und dem Gestein sein rotes Aussehen verleihen. Die Grundmasse ist nicht überall auflösbar. Gesteinsglas wird an ihrer Zusammensetzung mit beteiligt sein.

Im Steinbruch am Stolpenberg tritt eine ausgezeichnete plattige Zerteilung auf. Die Platten sind immer ebenflächig, werden aber nur selten von parallelen Flächen gebildet, so daß sie nach einigen Metern horizontal wie vertikal auskeilen oder nur schwächer und wieder stärker werden. Die Dicke der Platten schwankt zwischen 1 cm und gelegentlich bis 2 m, wobei die 3-cm-Platten am häufigsten sind. Das Streichen und Fallen der Platten hält sich an zwei Systeme: a) 50–60°, 75–80° SE; b) 95–110°, 80° S.

Beide Richtungen treten sowohl voneinander getrennt als auch gemeinsam auf. Da die Plattenstärken im ersten System im Durchschnitt kleiner sind als im zweiten, tritt die 50–60°-Richtung häufiger auf als die andere. Die Horizontalgliederung des Felsens ist sehr unregelmäßig und von der Stärke der Platten abhängig. Zum Hangenden hin ist eine geringe oberflächenparallele „Bankung" festzustellen. Es ließ sich keine klare Entscheidung treffen, ob es sich bei der Plattung um Absonderungsformen oder um tektonisch bedingte Klüfte handelt. Das Einhalten der beiden Streichrichtungen der Plattung spricht allerdings für eine tektonische Anlage.

Der hohe Gehalt des Gesteins an kryptokristalliner Grundmasse bedingt gute technische Spaltbarkeit und damit seine Eignung für Kleinpflaster- und Mosaikherstellung, die durch die dünnplattige Ausbildung noch vereinfacht und erleichtert wird. Bevorzugte Spaltbarkeit parallel zu den Tafelflächen besteht nicht. Die Fluidaltextur hat hierauf keinen Einfluß. Auch das spricht dagegen, daß es sich bei der Plattung um Absonderungsformen handelt.

Im Bruch steht überall frisches Gestein an. Der hohe Quarzgehalt sowie die innige Verzahnung der Grundmassegemengteile bedingen die Widerstandsfähigkeit gegenüber der Verwitterung. Wenn diese auftritt, läßt sie sich zuerst in der Grundmasse nachweisen. Die in allen Schliffen zu erkennende Trübung der Feldspäte ist in technischer Hinsicht für das Gestein nicht qualitätsmindernd. Von der Kaolinisierung des Porphyrs

---

[1]) Eingang des Manuskripts in der Redaktion: 15. 5. 1962.
Der Beitrag ist ein Auszug aus einer Diplomarbeit des Instituts für Geologie und Technische Gesteinskunde, Fakultät Baustoffingenieurwesen, der Hochschule für Architektur und Bauwesen in Weimar. Herrn Nationalpreisträger Prof. Dr. W. HOPPE sei für seine Unterstützung herzlich gedankt.

an der prätertiären Landoberfläche sind nach der Abräumung des Felsens im Pleistozän nur geringe, an der Oberfläche nachweisbare Spuren übriggeblieben. Der Abraum des Steinbruches besteht nur aus pleistozänen Bildungen, vorwiegend Sandlöß, dem Windkanter eingestreut sind, und Resten einer Grundmoräne.

2. Pyroxenquarzporphyr

Der in zahlreichen Vorkommen auftretende Pyroxenquarzporphyr ist kein einheitliches Gestein. Vielmehr lassen sich eine 1. äußerst pyroxenarme, eine 2. pyroxenarme, eine 3. pyroxenreiche und eine 4. sehr pyroxenreiche Varietät unterscheiden. Gegenwärtig findet nur der Abbau der äußerst pyroxenarmen und der pyroxenreichen Varietät statt. Die Gesteinsbeschreibung beschränkt sich daher auf die Steinbrüche Zinkenberg bei Collmen-Böhlitz (1. Varietät) sowie Breiter Berg und Weinberg bei Lüptitz (3. Varietät).

Die porphyrische Struktur des Gesteins am Zinkenberg bei Collmen-Böhlitz, das bei bloßem Betrachten strukturell fast den Eindruck eines Tiefengesteins erweckt, erkennt man deutlich erst unter der Lupe. In der schwarz- bzw. rötlichgrauen Grundmasse lassen sich Einsprenglinge unterscheiden, die je nach ihrer Eigenfarbe dem Gestein eine graue oder mehr rötliche Gesamtfarbe verleihen. Die Feldspäte, weißlicher, gelblicher oder rötlicher Orthoklas und farbloser oder grünlicher Plagioklas, herrschen in den Porphyren gegenüber dem Quarz mengenmäßig vor. Wenig häufig ist körniger, mattgrüner Pyroxen. Biotit tritt sehr selten auf. Das Gestein zeigt gute, aber nach keiner Richtung bevorzugte Spaltbarkeit, auch nicht nach der Anordnung der Schlieren.

Zwischen der Grundmasse und den großen Kristallen herrscht gute Kornbindung, die durch Resorptionsrinden und magmatische Korrosion noch verbessert wird. Nur ein Teil der Einsprenglinge wird von glatten Flächen begrenzt. Die Feldspäte sind getrübt, der Plagioklas ist außerdem im Innern serizitisiert, wobei die Zwillingslamellierung noch erhalten bleibt. Pyroxen und Biotit treten im frischen Zustand auf. Die Grundmasse ist schwer auflösbar. Außer den Mineralien der Einsprenglinge lassen sich Magnetit, Roteisenerz, mehr oder weniger fein verteilt das ganze Gestein durchsetzend, ferner Apatit und Zirkon erkennen. Überall fällt im Bruch eine Flaserung des Gesteins auf, die dadurch zustande kommt, daß sich in der Grundmasse parallel angeordnete, unregelmäßig begrenzte Schlieren finden, in denen die Einsprenglinge zurücktreten oder ganz fehlen. Diese schlierigen Nester in der Grundmasse besitzen einen Durchmesser bis zu mehreren Zentimetern. Sie sind stets flach und liegen immer horizontal. Das Gestein ist nicht von gleichmäßiger Beschaffenheit. Einem hellgrauen, sehr einsprenglingsreichen Gestein mit nur hellen, gelblichen und grünlichen Feldspäten im Osten des Bruches steht ein dunkler, etwas rötlicher, augenscheinlich weniger grob struierter und einsprenglingsärmerer Typ im Westen gegenüber. Dazwischen existiert eine ganze Reihe Übergangsglieder.

Spezielle Untersuchungen zur Frage der Absonderung und Klüftung wurden nicht vorgenommen. Abbautechnisch sind zwei Gliederungssysteme mit einem Streichen von 90 bis 110° und 160 bis 170° von Bedeutung. Bei diesen Flächen wird es sich um tektonisch bedingte Klüfte handeln, nicht um Absonderungsformen.

Soweit im Bruch unfrisches Gestein auftritt, ist zwischen kaolinitisch zersetztem und durch jüngere Verwitterung verändertem Porphyr zu unterscheiden. Das durch Kaolinisierung an der alten Landoberfläche wertgeminderte Gestein durchzieht in mehreren Dezimeter bis mehrere Meter mächtigen, vertikalen, zerklüfteten Zonen die Felsen. Typisch ist immer eine sehr dünnplattige Absonderung bzw. Klüftung des Gesteins am Rande und auch innerhalb der kaolinisierten Partie. Etwa 2% des Felsens sind stark kaolinisch zersetzt. Stellenweise, besonders auf der Bergkuppe, ist das Gestein an der Felsoberfläche kaolinisiert, und zwar desto tiefer, je stärker der Felsen zerklüftet ist. Die jüngere Oberflächenverwitterung des Pyroxenquarzporphyrs macht sich durch Vergrusung und Braunfärbung bemerkbar und ist nur in Abraumnähe von wesentlicher Bedeutung. Außer den kaolinisierten Partien setzt sich der Abraum aus einer Humusdecke, der pleistozänen Bedeckung und aus dem oberflächlich verwitterten Quarzporphyr zusammen. Der Abraum beträgt, auf die Gesamtabbauhöhe umgerechnet, etwa 4,5%. Grundmoränentrichter erschweren die Mechanisierung der Abraumbeseitigung. Der Geschiebemergel haftet in feuchtem Zustand fest am Gestein und führt zu Qualitätsminderungen der hereingewonnenen Massen.

Zwei große, dicht beieinander liegende Steinbrüche am Breiten Berg und am Weinberg bei Lüptitz schließen die pyroxenreiche Varietät des Pyroxenquarzporphyrs auf. Sie ist stets von dunkler, grau- bis grünlichschwarzer Farbe, die durch die Grundmasse bedingt ist. Neben dunklen kommen auch helle Einsprenglinge vor, die aber erst im Anschliff deutlich hervortreten. Quarz ist spärlich, Feldspat reichlich vorhanden. Auf vielen, stark glänzenden Spaltflächen ist die Zwillingslamellierung des farblosen Plagioklases zu erkennen. Orthoklas bildet weißliche Kristalle aus und ist seltener. Sehr zahlreich finden sich dunkelgrüne, stumpf aussehende Pyroxenkörnchen. Kennzeichnend für das Gestein sind sehr häufig schwarze Schlieren mit einer felsitischen Grundmasse und einzelnen, lebhaft glänzenden Feldspateinsprenglingen. Meist ist der Übergang zur Grundmasse des Gesteins mehr oder weniger fließend, zuweilen sind aber auch scharfe Grenzen entwickelt. In der schwer oder nur unvollkommen auflösbaren mikrokristallinen Grundmasse sind außer den genannten Mineralien Magnetit, Titaneisen, Apatit und Zirkon zu erkennen. Die Mineralien treten im frischen Zustand auf. Die Feldspäte erscheinen z. T. getrübt, Einschlüsse von hellen Glimmermineralien sind selten. Soweit eine felsitische Grundmasse vorliegt, ist mit der Entwicklung von Gesteinsglas zu rechnen. Die Gemengteile sind eng verzahnt. Die Grundmasse überwiegt die Einsprenglinge um das 1,5fache.

Im Weinbergbruch ist es möglich, einige Erscheinungen im Felsen eindeutig als Absonderung zu charakterisieren. Die Wirkung tektonischer Kräfte läßt sich im Bruch des Breiten Berges nachweisen. Einmal sind es gut ausgebildete Säulen, zum anderen handelt es sich um kalkspatgefüllte Klüfte. Die Kluftmessungen an großen Flächen geben folgende Häufungswerte des Streichens und Fallens: 1. 70—85°, 70° S, 2. 140—165°, 80° E und 60° W.

Die etwas gröbere Grundmasse des Gesteins ließe eigentlich schlechtere Spaltbarkeit als beim Porphyr vom Zinkenberg erwarten. Wenn sie trotzdem besser ist, so ist das wohl auf den geringen Gehalt an Einsprenglingen, auf die mikrokristalline sowie vor allem auf die glasige, mikrofelsitische Grundmasse zurückzuführen. Eine bessere Spaltbarkeit parallel zu der Fluidaltextur der Grundmasse ist nicht ausgebildet. Das Gestein ist gegenüber der chemischen Verwitterung sehr beständig. Durchgehend verwittert sind nur kleine Gesteinsbrocken mit Durchmessern < 10 cm. Im allgemeinen ist eine stark braun gefärbte dünne Verwitterungskruste um einen völlig frischen Kern charakteristisch. Der Anteil unfrischen Materials im ausgehenden Gestein wächst mit dessen Zerklüftung. Diese reicht aber verschieden tief und zuweilen bis mehrere Meter unter die eigentliche Abraumdecke. Grusbildung bleibt auf die obersten Lagen der stark zerklüfteten Zone beschränkt. Kaolinisierter Quarzporphyr tritt nur ein einziges Mal in einem größeren Vorkommen auf, und zwar gangförmig.

Die Abraumverhältnisse sind den früher beschriebenen ähnlich. Nur der Geschiebelehm ist durch Aufnahme von grusigem Gestein aus dem Felsuntergrund hier wesentlich grobkörniger als am Zinkenberg und haftet daher weniger an den Steinen. Die Mächtigkeit der pleistozänen Abraumdecke wächst mit abnehmender relativer Höhenlage schnell an.

Gesteinstechnische Verhältnisse

Im Untersuchungsgebiet befinden sich 40 Steinbrüche. Davon können 17 als groß, 14 als mittelgroß und 9 als klein bezeichnet werden, wenn man zugrunde legt, daß in „großen" mehr als eine halbe Million Tonnen, in „mittelgroßen" 10000—500000 Tonnen und in „kleinen" Brüchen weniger als 10000 Tonnen Gestein im Jahr abgebaut wurden. Von den 40 Steinbrüchen sind 31 aufgelassen, 11 davon mit Wasser gefüllt. An 7 der 9 in Betrieb befindlichen Steinbrüche sind Schotterwerke angegliedert; 6 davon besitzen Gleisanschluß. Auf Blatt Thallwitz liegen 18, auf Blatt Schildau und Blatt Dahlen jeweils 8 und auf Blatt Wurzen 6 Steinbrüche. Auf die verschiedenen Porphyre verteilen sie sich wie folgt: Rochlitzer Quarzporphyr 11, Dornreichenbacher Quarzporphyr 8, äußerst pyroxenarmer Quarzporphyr 15, pyroxenarmer 1, pyroxenreicher 2, sehr pyroxenreicher 1, Phyroxengranitporphyr 2.

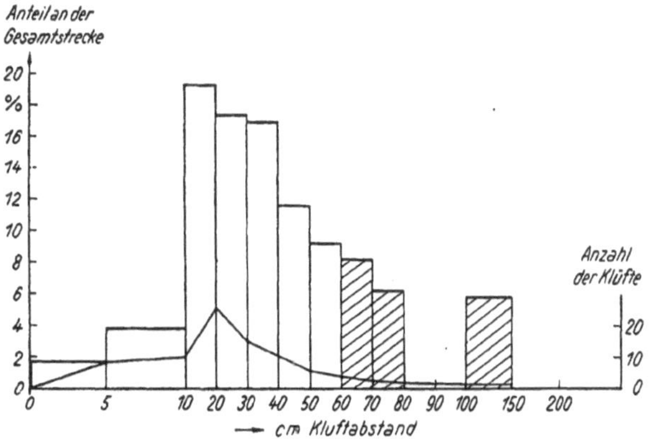

Abb. 1. Kluftabstände im Bruch Zinkenberg, Sohle I, SE, Meßstrecke: 26 m, Anzahl der Klüfte: 86; Sprenger/1000 t: 42, Anteil an der Gesamtstrecke für ≧ 60 cm Kluftabstand: 20%

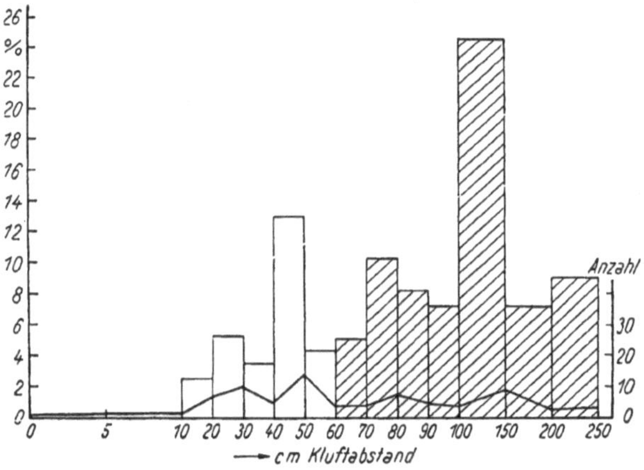

Abb. 2. Kluftabstände im Bruch Zinkenberg, Sohle II, E, Meßstrecke: 56 m, Anzahl der Klüfte: 76; Sprenger/1000 t: 237, Anteil an der Gesamtstrecke für ≧ 60 cm Kluftabstand: 71,5%

Aus den zahlreichen Aufschlüssen wurden 4 Steinbrüche ausgewählt und näher untersucht. Die makro- und mikroskopischen Beschreibungen der Porphyre und die Beurteilung der Brüche, die hier nur stark gekürzt mitgeteilt werden, sollten die Grundlage für die gesteinstechnischen Untersuchungen der zu Baustoffen weiterverarbeiteten Gesteine bilden. Es wurde besonders Wert darauf gelegt, Beziehungen zwischen der Petrographie der Gesteine und ihren technologischen sowie bautechnischen Eigenschaften zu finden.

Bei genügender Sorgfalt läßt sich in allen Brüchen frisches sowie wetter- und frostbeständiges Material gewinnen. Die vorliegenden Werte der Druckfestigkeit entsprechen vollkommen den bei verschiedener Verwendung an diese Gesteine gestellten Anforderungen. Bei der Verwendung im Straßenbau, besonders als Brechergut, spielt die Druckfestigkeit bei allgemeiner Gütebeurteilung nur eine untergeordnete Rolle. Die wichtigeren Zähigkeitsprüfungen fehlen in neuerer Zeit. Im folgenden werden ergänzende gesteinstechnische Untersuchungen beschrieben, die neben den Zähigkeitsprüfungen bei der Gesteinsbeurteilung an erster Stelle stehen müssen.

1. Beziehungen zwischen Abbau und Zerklüftung der Gesteine

Die Wirtschaftlichkeit des Maschineneinsatzes in einem modernen Schotterwerk ist weitgehend abhängig von der Abstimmung der Bagger und Vorbrechergrößen auf die Brockendurchmesser im Haufwerk; d. h., ein sehr grobstückiges Ladegut verlangt größere und robustere Lade-, Förder- und Zerkleinerungsmaschinen als ein kleinstückiges. Wenn ein 1-m³-Löffel zügig arbeiten soll, dürfen die Kantenlängen der größten Gesteinsbrocken nicht wesentlich über 0,6 m liegen. Derartig kleinstückiges Ladegut fällt aber bei den Großbohrlochsprengungen der Quarzporphyrfelsen nicht an, und die großen Blöcke müssen als „Knäpper" noch einmal gesprengt werden. Das verursacht nicht unerhebliche zusätzliche Kosten.

Da in den Brüchen Verschiedenheiten sowohl im anstehenden Felsen als auch im anfallenden Haufwerk

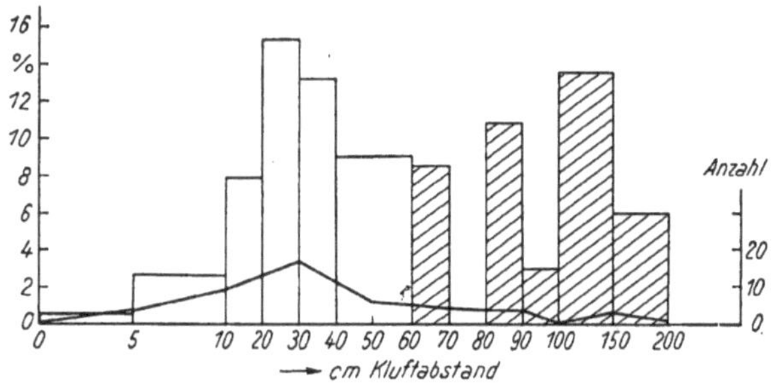

Abb. 3. Kluftabstände im Bruch Breiter Berg, Südbruch, S, Meßstrecke: 33 m, Anzahl der Klüfte: 78, Sprenger/1000 t: 94, Anteil an der Gesamtstrecke für ≧ 60 cm Kluftabstand: 42%

festgestellt wurden, wurde der Versuch unternommen, hierfür gegenseitige zahlenmäßige Beziehungen zu finden. Dazu war es notwendig, an der Felswand und in dem hereingesprengten Material Messungen durchzuführen und diese in geeigneter Weise auszuwerten. Läßt man einmal den Zerkleinerungseffekt der Sprengung außer acht, so darf man annehmen, daß das Gestein als losgelöstes Haufwerk genau die gleiche Zusammensetzung hinsichtlich der Brockengrößen besitzt wie innerhalb des zerklüfteten Felsens. Mißt man daher die gegenseitigen Abstände der Klüfte oder Absonderungsfugen im Gestein über eine genügend lange Strecke, so erhält man eine Auskunft über die Häufigkeit kleiner oder großer kompakter Felsflächen und daher über das Vorhandensein verschieden großer Gesteinsbrocken. Die Darstellung der Häufigkeit hat allerdings wenig Aussagewert. Sie zeigt nur, daß sich in der Wand innerhalb der gemessenen Strecke besonders viel Absonderungsfugen oder Klüfte befinden. Um diese in ihrer Bedeutung hervortreten zu lassen, ist es zweckmäßig, die Summen gleicher Kluftabstände auf die gesamte an der Wand ausgemessene Strecke zu beziehen. Die Säulen der Diagramme (Abb. 1 bis 6) veranschaulichen, in welchem Verhältnis zur Gesamtwandlänge solche Partien auftreten, in denen die Kluftabstände den auf der Abszisse angegebenen Größen entsprechen. Bei derartigen Messungen ist festzustellen, daß nur dann ein brauchbares Ergebnis erhalten wird, wenn das Gestein polyedrisch, kugelig, säulig-bankig oder regelmäßig parallelepipedisch, dagegen nicht bankig oder plattig abgesondert ist.

Wenn die Kleinstückigkeit eines Haufwerks von der Struktur des Felsgesteins, von dem es gewonnen wird, abhängig ist, dann muß sich das auch in der Beschaffenheit des Haufwerks nachweisen lassen, das an Felspartien gewonnen wird, die auf Grund derartiger Messungen entweder ein grobes oder ein feines Material erwarten lassen. Zwischen den Größenmessungen im Haufwerk und den ermittelten Kluftabständen im Felsgestein muß dann eine bestimmte Abhängigkeit bestehen. Da eine exakte Größenanalyse eines Haufwerks vor der Bruchwand nicht ohne weiteres möglich ist, diente als Beurteilungsmaßstab für die Zusammensetzung des Haufwerks die auf 1000 Tonnen Gestein umgerechnete Anzahl an Knäpperschüssen. Alle Gesteinsbrocken, die größer als etwa 0,6 × 0,6 × 0,6 m sind, müssen durch Sprengung zerkleinert werden, wenn sie den nachfolgenden Lade-, Förder- und Brechprozeß nicht stören sollen. Dieses Kriterium war sowohl im Bruch Zinkenberg als auch im Bruch Breiter Berg anwendbar, da etwa gleiche Sprengmethoden und gleiche Bagger-, Dumper- und Vorbrechertypen Vergleiche ermöglichten.

In den Brüchen Zinkenberg und Breiter Berg wurden sechs Wandabschnitte auf Kluftabstände untersucht. Die Ergebnisse von 4 Messungen sind in den Abb. 1 bis 4 enthalten. Außerdem wurde die Anzahl der „Knäpper" pro 1000 Tonnen des an den gemessenen Felspartien gewonnenen Haufwerks bestimmt. In der Abb. 7 sind auf der Ordinate die auf 1000 Tonnen Haufwerk anfallenden „Knäpper" aufgetragen und auf der Abszisse die auf die Gesamtstrecke des untersuchten Bruchabschnitts bezogene Summe (in %) aller gemessenen Kluftabstände, die größer als 60 cm sind. Die aus zwei verschiedenen Brüchen stammenden Werte zeigen, daß mit geringer werdender Zerklüftung des Felsgesteins der Anfall an großen Gesteinsbrocken im Haufwerk zunimmt. Sie lassen ferner erkennen, daß ein stark zerklüftetes Gestein wirtschaftlicher abzubauen ist als ein sehr kompaktes. Die Wirtschaftlichkeit drückt sich in geringen Bohrkosten, im niedrigen spezifischen Sprengstoffeinsatz und im schonenden Einsatz der Maschinen aus. Demnach liefert die angewandte Meßmethode die Grundlagen für einen wirtschaftlichen Abbau.

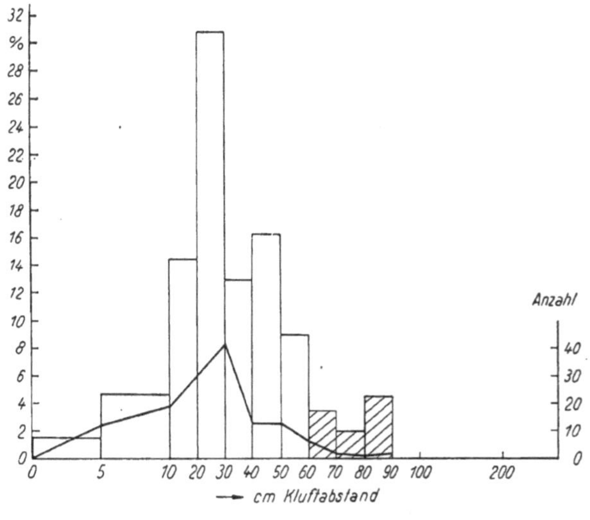

Abb. 4. Kluftabstände im Bruch Breiter Berg, Südbruch, SE, Meßstrecke: 40 m, Anzahl der Klüfte: 138, Sprenger/1000 t: 24, Anteil an der Gesamtstrecke für ≧ 60 cm Kluftabstand: 10%

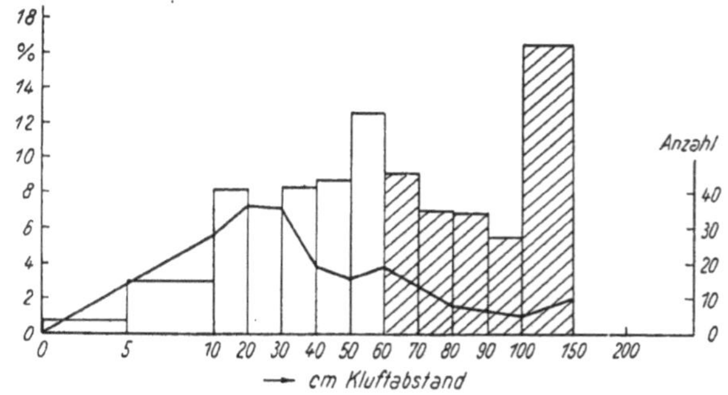

Abb. 5. Kluftabstände im Bruch Weinberg, Meßstrecke: 90 m, Anzahl der Klüfte: 211

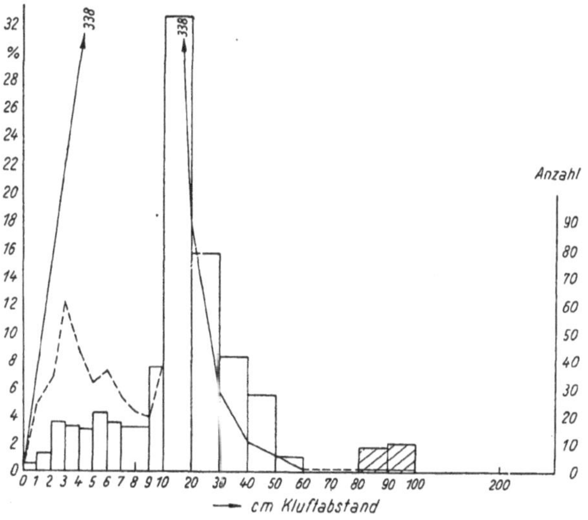

Abb. 6. Kluftabstände im Bruch Stolpenberg, Meßstrecke: 50 m, Anzahl der Klüfte: 473

2. Kornformausbildung bei Schotter und Splitt

Einer näheren Betrachtung sollen die Kornformen der aus den drei verschiedenen Quarzporphyren hergestellten Schotter und Splitte unterzogen werden; jedoch nicht allein hinsichtlich der Frage, ob sie den diesbezüglichen Anforderungen an Edelsplitt entsprechen, sondern auch in Abhängigkeit von der Technologie. Es soll festgestellt werden, wie sich die Gesteinsarten im Verlauf der zunehmenden Zerkleinerung des Brechermaterials entwickeln. Für die vorliegenden Betriebsuntersuchungen konnte keines der zahlreichen Verfahren zur Beurteilung der Kornformen in einem Haufwerk (PICKEL & ROTHFUCHS 1958, S. 2; KUNATH 1955, S. 1; MORGENBROD 1956) direkt Verwendung finden. Es wurde daher in Anlehnung an die Schieblehremethode von SCHULZE (1958, S. 253) folgendermaßen verfahren: Von den zu untersuchenden Körnern wurden mit der Schieblehre die Größe l und die kleinste Dicke d gemessen und daraus der Quotient l/d gebildet, der die extremen Abmessungen des Einzellkornes deutlich

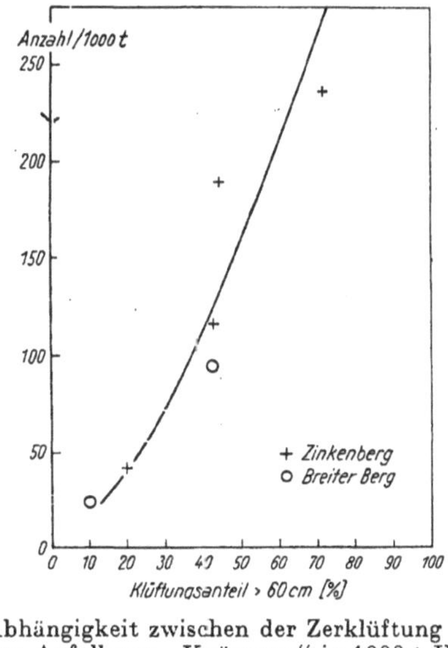

Abb. 7. Abhängigkeit zwischen der Zerklüftung des Felsens und dem Anfall von „Knäppern" in 1000 t Haufwerk

charakterisiert. Für die quantitative Bestimmung wurden von jeder Probe 200 Körner vermessen, dann die Quotienten gebildet und auf ganze Zahlen ab- bzw. aufgerundet. Der l/d-Wert „1" enthält daher nur die Quotienten von 1,0—1,5. Durch Auszählen der gleichen l/d-Werte ließ sich der Anteil an Körnern gleicher Längen-Dicken-Verhältnisse in der Gesamtprobe leicht ermitteln. Da für die Probe enge Korngrenzen gewählt wurden, konnten die Stückanteile in Gew.-% umgerechnet werden. Von jedem Brecher der drei Schotterwerke Zinkenberg, Lüptitz (Breiter Berg) und Heyda (Stolpenberg) wurde so viel Material aus dem Brechgut entnommen, daß nach mindestens zweimaligem Vierteln eine Probe übrigblieb, aus der sich je 200 Körner von sehr grobem, mittlerem und feinem, gebrochenem Material aussieben ließen. Die Abb. 8 und 9 zeigen die typischen Kornformverteilungskurven des Brechgutes eines Backenbrechers und eines SYMONS-Kegelbrechers, und die Abb. 10 stellt die empirische Verteilungskurve der aus 47 Proben und 9400 Einzelkörnern ermittelten Kornformen dar. Insgesamt wurden 53 Proben mit

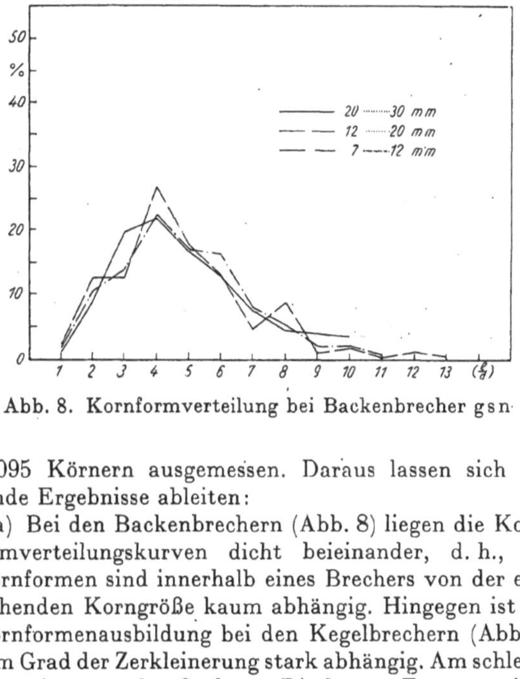

Abb. 8. Kornformverteilung bei Backenbrecher gsn

10095 Körnern ausgemessen. Daraus lassen sich folgende Ergebnisse ableiten:

a) Bei den Backenbrechern (Abb. 8) liegen die Kornformverteilungskurven dicht beieinander, d. h., die Kornformen sind innerhalb eines Brechers von der entstehenden Korngröße kaum abhängig. Hingegen ist die Kornformenausbildung bei den Kegelbrechern (Abb. 9) vom Grad der Zerkleinerung stark abhängig. Am schlechtesten ist stets das Grobgut. Die besten Formen zeigen die mittleren Körnungen, während die feineren wieder schlechtere l/d-Werte besitzen.

b) Offensichtliche Unterschiede der Kornformenausbildung bei den drei verschiedenen Quarzporphyren liegen nicht vor. Die Dünnplattigkeit des Gesteins am Stolpenberg wirkt sich offensichtlich nicht auf die beim Brechen entstehenden Kornformen aus. Diese Tatsache steht im Einklang mit der weiter oben gemachten Feststellung, daß sich der Dornreichenbacher Quarzporphyr beim Spalten isotrop verhält. Die Ergebnisse zeigen aber, daß die vorliegenden Quarzporphyre insgesamt zu sehr schlechter Kornformausbildung neigen und daß die Erzeugung eines den Vorschriften entsprechenden Edelsplitts mit Hilfe der vorhandenen Technologien nur bei einzelnen Körnungen möglich ist. Von den 53 entnommenen Schotter- und Splittproben entsprechen nur

10 den Vorschriften des FSB „Gebrochene Natursteine—Güteanforderungen an Schotter, Splitt und Brechsand". Die Ursache für diese technischen Eigenschaften der Quarzporphyre dürfte in ihrem hohen Gehalt an felsitischer, spröder Grundmasse zu suchen sein (RÖSSLEIN 1941, S. 109; THEMME 1959, S. 262).

Es ergeben sich nachstehende Schlußfolgerungen:

a) In den Schotterwerken ist besonders auf eine für die Kornformausbildung vorteilhafte Technologie zu achten.

b) Der Einsatz von Backenbrechern in der Nachzerkleinerung ist weitestgehend einzuschränken.

c) Der Einsatz von Kegelbrechern ist hinsichtlich der Erzeugung besserer Kornformen nur dann erfolgversprechend, wenn der Grobaustrag erneut zerkleinert wird.

d) Die Spaltöffnung eines nachgeschalteten Brechers muß so eng sein, daß das ausklassierte Grobgut des vorhergehenden Brechers auch wirklich zerkleinert wird. Viele Brechstufen sind vorteilhaft.

3. Haftfähigkeit bituminöser Straßenbaubindemittel bei den verschiedenen Quarzporphyren

Diese Untersuchungen wurden gemäß der TGL 2840-36, „Bituminöse Bindemittel für die Straßenbau-Prüfvorschriften" an allen drei Quarzporphyren, und zwar mit 10 verschiedenen Bindemitteln, durchgeführt. Die Tabelle enthält die in Prozenten angegebenen Umhüllungsgrade. Demnach zeigen die bituminösen Bindemittel an den untersuchten Quarzporphyren kein vorzügliches Haftvermögen; denn nur 5 der 30 Wasserlagerungsproben erreichen den notwendigen Umhüllungsgrad von 90%. Bei den 30 Warmwasserlagerungen konnte nur an einer einzigen Probe eine 90%ige Umhüllung beobachtet werden. Es muß dabei festgestellt werden, daß die schlechte Haftung nicht allein auf das

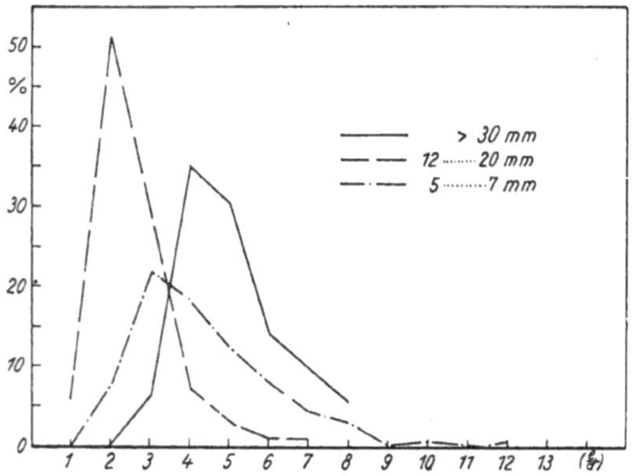

Abb. 9. Kornformverteilung bei Symons-Kegelbrecher Nr. 2 II

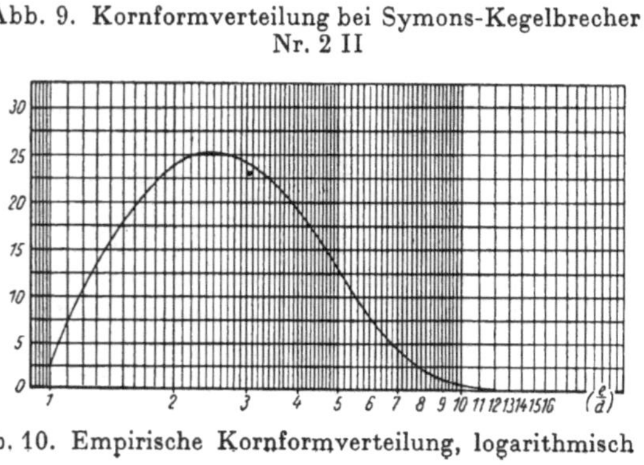

Abb. 10. Empirische Kornformverteilung, logarithmisch

Tab. Haftung von bituminösen Bindemitteln an Quarzphorphyr (in %)

Bindemittel	Zinkenberg			Dornreichenbach			Lüptitz		
	1. Gewaschenes, trockenes Gestein								
	5 Std. 70 °C	6 Tage 20 °C/ger.		5 Std. 70 °C	6 Tage 20 °C/ger.		5 Std. 70 °C	6 Tage 20 °C/ger.	
Gölzau B 200	20	70	30	20	60	30	30	95	60
Romaschkino-Bit.	10	30	10	10	30	20	20	70	30
Halle B 200	20	70	20	20	80	20	20	100	70
Halle 50/50	20	100	90	20	100	90	40	98	95
Erkner 40/70	20	90	80	20	80	60	20	95	80
Euphaltol-S	70	100	80	80	98	95	90	100	98
Schkeuditz 50 Bit	10	30	30	20	20	10	20	90	70
Rositz-Emulsion	10	10	0	10	10	0	10	10	0
Kaltbitumen VAT	10	20	10	10	30	10	10	40	20
Viafix-K	20	90	60	50	98	80	50	98	80
	2. Ungewaschenes, verstaubtes und umkrustetes Gestein; 5 Std., 70 °C								
	ungew.	verst.	umkrust.	ungew.	verst.	umkrust.	ungew.	verst.	umkrust.
Gölzau B 200	20	20	95	20	40	90	30	–	80
Erkner 40/70	10	40	98	20	60	100	30	20	100
Euphaltol-S	90	95	95	40	95	95	90	95	95
Gölzau B 200 + 5% Haftverbesserer Webau	3. Gewaschenes, trockenes Gestein; 5 Std., 70 °C								
	90			95			98		

Gestein, sondern vor allem auf die Bindemittel selbst zurückzuführen ist. Trotzdem lassen sich zwischen den Gesteinen Unterschiede in der Bitumenhaftung erkennen. Sie ist beim Dornreichenbacher Quarzporphyr und beim äußerst pyroxenarmen Quarzporphyr etwa gleich; beim pyroxenreichen Quarzporphyr erreicht sie höhere Werte. Mit RIEDEL & WEBER (1933, S. 11ff. und S. 33ff.) darf man annehmen, daß sich der verschiedene Mineralgehalt haftverbessernd bzw. haftverschlechternd auswirkt. Das pyroxenreiche Gestein vom Breiten Berg enthält wesentlich weniger Quarz in den Einsprenglingen (8%) als die beiden anderen Porphyrarten (28 und 51%). Durch Verwendung eines Haftverbesserers ließen sich die Umhüllungsgrade wesentlich steigern.

4. Eignung für Pflaster

Gute Spaltbarkeit allein — wie sie bei diesen Quarzporphyren vorliegt — kennzeichnet noch kein für Pflaster geeignetes Gestein. Relativ geringe Abnutzung und Kantenfestigkeit müssen hinzukommen. Vor allem muß das Gestein im Verkehr rauh bleiben. Im umgekehrten Verhältnis zur guten Spaltbarkeit steht aber oft die Fähigkeit eines Gesteins, eine rauhe Oberfläche zu behalten. Gefahr der Glättung liegt bei feinkörniger sowie dichter, teilweise glasiger Grundmasse vor. Diese letzte Eigenschaft zeigen aber die untersuchten Porphyre. Die Hauptsubstanz wird immer von der polierfähigen und sehr feinkörnigen bis dichten, kryptokristallinen Grundmasse gebildet. Die Quarzeinsprenglinge sind von gleicher Härte wie die Grundmasse, und die porphyrischen Feldspäte verhindern bei der Grundmasseausbildung nicht die Glättung. Der petrographische Befund läßt also erwarten, daß sich die Gesteine bezüglich dauerhafter Rauhigkeit nicht bewähren. Tatsächlich bestätigen die Oberflächenabgriffe von Pflaster verschiedener Gesteine (Abb. 11) diese Annahme. Das Pflaster von pyroxenreichem Quarzporphyr wird durch die Ein-

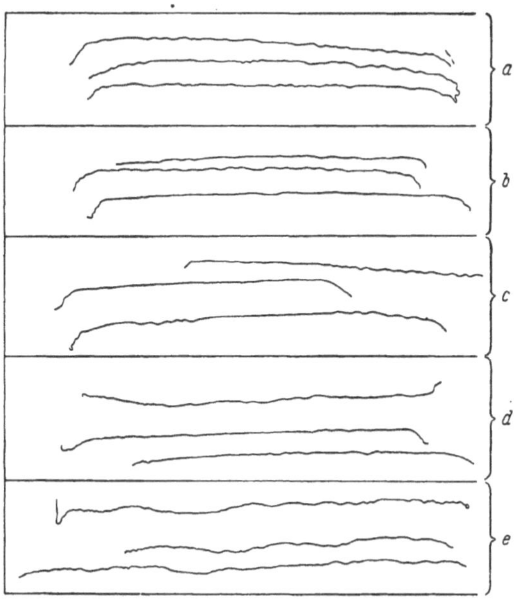

Abb. 11. Oberflächenabgriffe von verschiedenen Kleinpflastersteinen
a) Pyroxengranitporphyr, b) Pyroxenquarzporphyr (Lüptitz?), c) Dornreichenbacher Quarzporphyr, d) Pyroxenquarzporphyr (Zinkenberg), e) Granit (Granodiorit Lausitz?)

wirkung des Verkehrs vollständig glatt (Abb. 11b). Die Kopfflächen sind nahezu eben, die Kanten nur wenig gerundet und oft ausgebrochen. Auf 1 m² Pflasterdecke ist etwa ein über die Ecken oder quer gesprungener Stein zu beobachten. Sehr glatt sind auch die Oberflächen der Pflastersteine aus Dornreichenbacher Quarzporphyr. Sie erhalten durch den Verkehr förmlich eine Politur. Die Kanten sind gerade und wohlerhalten, die Kopfflächen bleiben eben. Neben der starken Glättung zeigt sich als weitere schlechte Eigenschaft eine ein- oder mehrmalige Aufspaltung der Würfel in senkrechte Platten (Abb. 11c). Trotz des relativ hohen Gehaltes an Feldspateinsprenglingen unterliegt auch das Pflaster aus dem äußerst pyroxenarmen Quarzporphyr vom Zinkenberg einer vollständigen Glättung. Die obere Linie der Abb. 11d stellt einen Abgriff von einem Pflasterstein dar, der vom Rande der Straße stammt. Die beiden anderen Linien beziehen sich auf Pflastersteine aus der Mitte der Fahrbahn. Die Veränderung der ursprünglich rauhen Oberfläche des Gesteins durch die schmirgelnde Wirkung des Straßenverkehrs ist deutlich zu erkennen. Die Flächen sind eben, die Kanten gut erhalten; einzelne Steine sind zersprungen. Die vorliegenden Untersuchungen zeigen, daß Pflaster aus den nordwestsächsischen Quarzporphyren wohl ausgezeichnete Haltbarkeit aufweist, daß es aber auf Grund seiner Neigung zu vollkommener Glättung den Anforderungen, die der moderne Straßenverkehr an die Oberflächenbeschaffenheit der Fahrbahnen stellt, nicht entspricht.

Zusammenfassung

Als Voraussetzung zur Beurteilung der gesteinstechnischen Verhältnisse erfolgt eine petrographische Untersuchung der Gesteine sowie ihrer Lagerstättenentwicklung in den Brüchen. Die angewandte Meßmethode zur Feststellung der Beziehungen zwischen Klüftung und Abbau liefert die Grundlagen über das anzuwendende Sprengverfahren und damit den wirtschaftlichen Abbau. Auf Grund der vorherrschenden dichten oder mikrokristallinen und recht spröden Grundmasse ergeben die Quarzporphyre nach den angestellten umfangreichen Messungen im Brechvorgang schlechte Kornformen bei der Splitterzeugung. Daraus ergeben sich Maßnahmen in den Brecherwerken, um zu günstigen Splittformen zu gelangen. Hinsichtlich der Haftfähigkeit an bituminösen Straßenbaustoffen bestehen Unterschiede bei den verschiedenen Quarzporphyren. Am günstigsten verhalten sich die pyroxenreichen Gesteine, vermutlich infolge des geringeren Quarzgehalts. Durch die vorherrschende feinkörnige oder dichte Grundmasse neigen die Gesteine bei der Verwendung als Pflaster zu vollkommener Glättung.

Резюме

Предпосылкой для оценки технических условий горных пород являются петрографическое исследование пород и изучение условий залегания в каменоломнях. Использованный измерительный метод для определения взаимоотношений между трещиноватостью и разработкой дает основы для применяемого способа взрыва и тем самым основу для экономической эксплуатации. В связи с преимущественно плотной или микрокристаллической довольно хрупкой основной массой кварцевые порфиры по проведенным обширным измерениям при ломке (измельчении) дают неблагоприятные формы зерен для производства щебня. Из этого вытекают мероприятия в каменодробилках с целью достижения благопрятных форм щебня. В отношении способности к сцеплению на битуминозных материалах для дорожного строительства существуют различные кварцевые порфиры, отличающиеся друг от друга. Наиболее благоприятное поведение обнаруживают богатые пироксеном породы, предположительно в связи с более низким содержанием кварца. В связи с преобладающей тонкозернистой или плотной основной массой эти породы при использовании в качестве мостовых камней тяготеют к совершенному сглаживанию.

Summary

A petrographical investigation of rocks and their deposit formation in the quarries was made as a prerequisite to estimate their conditions of industrial utilization. The method used to measure the relations between jointing and mining furnishes the bases for the blasting process to be applied for an economic mining. Based on a mainly felsitic or microcrystalline and rather brittle groundmass, comprehensive measurements of the quartz porphyries during the crushing process show bad particle shapes when manufactured into chips. As a result, appropriate measures are to be taken by the crushing plants to obtain favourable shapes of chips. The various quartz porphyries show a different adherence to bituminous road-building materials. Owing, presumably, to their lower quartz content, rocks rich in pyroxene behave most favourably. On account of the prevailing fine-grained or felsitic groundmass the rocks tend towards a complete smoothness when used as pavement.

Literatur

AMBRONN, C.: Die geologischen Verhältnisse und die chemische Zusammensetzung der Pyroxenquarzporphyre und der Pyroxengranitporphyre im Leipziger Kreise. — Dissertation, Leipzig 1907.

BREYER, H.: Rauhigkeit und Glätte von Gesteinen und von Straßen. — Straßen- u. Tiefbau, H. 11, 575—577 (1954).

— Körnung und Kornform von Schotter und Splitten als durchschlagende konstruktive Eigenschaften. — Die Industrie der Steine und Erden, H. 3, 1—2 (1960).

ENGERT, P.: Der prätertiäre Untergrund von NW-Sachsen und seine Tektonik. — Ber. geol. Ges., 2, H. 3, 165—176, Berlin 1957.

GERTH, G., A. BAUMGARTEN & SCHOCHARDT: Die Beziehungen zwischen Teerhaftfähigkeit und Oberflächenbeschaffenheit von Gesteinsbrechprodukten. — Steinindustrie und Straßenbau, H. 19 und 20 (1938).

KALKOWSKY, E.: Die augithaltenden Felsitporphyre bei Leipzig. ZDGG, 26, 586 ff. (1874).

KUNATH, H.: Über die Bestimmung der Kornformen von Straßenbausplitt. — Straßentechnik, 3, H. 1, 1—5, 1955.

MORGENBROD, A.: Untersuchungen über Raummetergewichtsfragen, Kornformenbestimmungsmethoden und über die korrelativen Zusammenhänge der technisch bestimmbaren Kornformengrößen. — Dissertation, TH Aachen 1956.

NÜSSEL, H.: Beitrag zur neueren Entwicklung im Asphaltstraßenbau. – Straßen- u. Tiefbau, 6, H. 3, 100–105 (1952).
PICKEL, W. & G. ROTHFUCHS: Bewertung der Kornformen von Edelsplitt. – Bitumen, H 4. u. 5 (1958).
PIETZSCH, K.: Geologie von Sachsen. – VEB Deutscher Verlag der Wissenschaften, Berlin 1962.
RIEDEL, R. & H. WEBER: Über die Haftfestigkeit bituminöser Bindemittel an Gesteinen. – Asphalt- und Teer-Straßenbautechnik, H. 37–41 u. 43 (1933) (41 Lit.).
RÖSSLEIN, D.: Steinbrecheruntersuchungen unter besonderer Berücksichtigung der Kornform. – Forschungsarbeiten aus dem Straßenwesen, 32, Berlin 1941.
SCHARLIBBE, O.: Fortschritte in der Bekämpfung von Glätte auf Pflasterdecken. – Straßen- u. Tiefbau, H. 10, 308–310 (1952).
SCHULZ, F.: Ein genaues Verfahren zur Bestimmung der Kornformgüte. – Tonindustrie-Ztg. 78, H. 15/16, 321–234 (1954).
SCHULZE, K.: Schnellverfahren zur Kornformbeurteilung und Vorschläge zur Definition von Splitt und Edelsplitt. – Straße und Autobahn, H. 3, 253–257 (1958).
SHERGOLD, F. A.: Forschungen über Straßenbaugestein und Gesteinsmischungen im Britischen Straßenbauforschungslaboratorium. – Der Naturstein im Straßenbau, H. 8, 59–73 (1957).
THEMME, TH.: Zur Güteprüfung von Gesteinen und deren Bedeutung für den Straßenbau. – Bitumen–Teere–Asphalte–Peche, H. 7, 262–266 (1959).
Standard der DDR (DIN 4226, 51991, 51100–52112).
FSB „Gebrochene Natursteine – Güteforderungen an Schotter, Splitt und Brechsand" (Entwurf).
Merkblatt für Körnungen aus gebrochenem Naturstein, Juli 1957.
Karten: KOSSMAT, F. & K. PIETZSCH: Geologische Übersichtskarte von Sachsen 1:400000, Leipzig 1930.
Geologische Spezialkarte mit Erläuterungen: Blätter Thallwitz-Strelln: Schildau, Dahlen, Wurzen-Altenbach.

Röntgenspektrometrische Kupfer-, Blei- und Zinkbestimmung an Kupferschieferproben[1)]

Eine Betrachtung der Genauigkeit des Analysenverfahrens

HELMUT FUCHS & HANS GRASSMANN, Berlin

(Mitteilung aus dem Zentralen Geologischen Institut, Berlin)

Einführung

Ein Schwerpunkt in der praktischen geologischen Arbeit ist die Erkundung des mitteldeutschen Kupferschiefers und seiner Äquivalente. Besonders in den letzten drei Jahren fiel eine große Menge Kupferschieferproben an, die hauptsächlich auf Kupfer, Blei und Zink zu untersuchen waren. Die Vorzüge der Röntgenfluoreszenzmethode, nämlich die hohe Analysiergeschwindigkeit, die die Schnelligkeit der schnellsten naßchemischen Verfahren um ein Vielfaches übertrifft, und die im Vergleich zur optischen Spektralanalyse hohe Genauigkeit bei mittleren und höheren Metallgehalten führten zum Einsatz dieser Methode für die routinemäßige Bestimmung von Kupferschieferproben auf die Elemente Cu, Pb und Zn.

Untersuchungsverfahren

Das angewendete röntgenspektrometrische Analysenverfahren ist von OTTEMANN (1960) ausführlich beschrieben worden. Es handelt sich hierbei um ein Verfahren mit Germanium als innerem Standard. Die Probesubstanz wird mit der Standardmischung, die aus Lithiumkarbonat und Germaniumdioxyd besteht, im Verhältnis 1 : 1 gemischt. Das untersuchte Material hat eine Korngröße $< 0{,}06$ mm. Zur Analyse gelangt jeweils eine Mischung von 1 g Probepulver und 1 g Standardsubstanz.

Die Untersuchungen wurden mit dem Röntgenfluoreszenzspektrometer der Fa. C. H. F. Müller AG, Hamburg, durchgeführt. Eine Röntgenröhre mit W-Anode diente zur Erregung der Fluoreszenzstrahlung und ein LiF-Kristall zum Zerlegen dieser Strahlung in die einzelnen Komponenten; die Strahlungsintensität wurde mit einem Szintillationszähler gemessen und über ein Schreiberdiagramm registriert. Die Auswertung der Meßergebnisse erfolgte aus dem Schreiberdiagramm nach der in der zitierten Veröffentlichung beschriebenen nomographischen Methode.

In dieser Arbeit wird auch die Reproduzierbarkeit des Meßverfahrens angegeben. Für die weiteren Betrachtungen ist es von Interesse, die mittleren Fehler des Verfahrens aus einer Tabelle von OTTEMANN (1960) noch einmal anzuführen:

Tab. 1. Reproduzierbarkeit des Meßverfahrens aus 25 Einzelbestimmungen separater Pulverpräparationen

Art des Meßverfahrens	Kupferschieferprobe	Mittlerer Fehler des Meßverfahrens			
		Fehlertyp	Blei	Kupfer	Zink
II Nomographisch aus Schreiberdiagramm	A	abs.	± 0,0046	± 0,0033	± 0,0027
		rel.	± 1,4%	± 2,9%	± 0,79%
	B	abs.	± 0,058	± 0,023	± 0,034
		rel.	± 1,2%	± 0,81%	± 1,5%

A enthält: 0,32% Pb; 0,11% Cu; 0,34% Zn } Mittelwerte aus 25 Einzelbestimmungen
B enthält: 4,77% Pb; 2,87% Cu; 2,31% Zn }

Gegenüberstellung der röntgenspektrometrischen und chemischen Analysenergebnisse

Nach mehreren Jahren der praktischen Anwendung des Verfahrens für die Analyse von Kupferschieferproben, vererzten Dolomiten usw. kann nun ein recht gut fundiertes Urteil über die Genauigkeit bei der Bestimmung von Kupfer, Blei und Zink abgegeben werden, da eine große Anzahl quantitativer chemischer Kontrollanalysen und Bestimmungen höherer Cu-, Pb- und Zn-Gehalte vorliegt, die mit den röntgenspektrometrischen Ergebnissen verglichen werden können. Bei einer derartigen Betrachtungsweise muß man jedoch bemerken, daß die chemischen Analysen auch nicht frei von systematischen und zufälligen Fehlern sind. Hiervon kann man sich überzeugen, wenn die gleiche Probe nach verschiedenen Verfahren oder in verschiedenen Laboratorien routinemäßig chemisch analysiert wird. Mitunter ergeben sich dabei nicht unerhebliche Differenzen. Die vorläufigen Richtlinien für die organisatorische Durchführung und die Kontrolle chemisch-analytischer Arbeiten (STAMMBERGER 1959) lassen z. B. für Kupfer im Gehaltsbereich 0,5–3% bis zu 10% rel. Abweichung zu.

Anerkannte Standardproben von Kupferschiefer mit genau bekannten Gehalten existieren nicht, so daß wir

1) Eingang des Manuskripts in der Redaktion: 6. 9. 1962

zur Beurteilung der röntgenspektrometrischen Werte nur auf die im Rahmen der normalen, der Lagerstättenbemusterung dienenden Analyse erhaltenen chemischen Resultate zurückgreifen können. Dabei schreiben wir alle Abweichungen der röntgenspektrometrischen Methode zu. Diese Annahme ist jedoch nicht ganz richtig, da, wie ausgeführt, die chemischen Ergebnisse keine absolut richtigen Werte darstellen und eine solche Auswertung der Ergebnisse die Summe der Fehler beider Methoden zeigt, wobei zu bemerken ist, daß die Genauigkeit der chemischen Verfahren bei Gehalten der hier interessierenden Größenordnung im allgemeinen von den physikalischen nicht erreicht wird.

Es wurden bei sämtlichen Proben, die röntgenspektrometrisch und naßchemisch analysiert worden sind, die erhaltenen Resultate gegenübergestellt und in der bei uns üblichen — den „Vorläufigen Richtlinien" entsprechenden — Weise ausgewertet. Die errechneten mittleren relativen Abweichungen sind, nach den dort vorgesehenen Gehaltsstufen getrennt, in den nachstehenden Tabellen aufgeführt. Es ist außerdem die nach den Richtlinien jeweils zulässige Grenze der Abweichung sowie die Zahl der Analysenpaare angegeben:

Tab. 2

Cu

Gehaltsstufe 3 – 10%

Jahr	Anzahl der Analysen	rö. Σ c. Gehalts-%	Σ der Abweichung +	−	a_1 %	a_2 %
1959	5	29,30	0,36	0,44	27,3	− 2,7
1960	32	148,13	5,83	7,91	7,5	− 1,1
1961	42	223,7	7,62	14,46	9,9	− 3,1
	79	401,13	13,81	22,81		

$$a_1 = \frac{36,62}{401,13} \cdot 100 = 9,1\%$$

$$a_2 = \frac{-9,00}{401,13} \cdot 100 = -2,2\%$$

Zul. Abw.[2]) a_1 = 3 – 7%

Gehaltsstufe 0,5 – 3,0%

Jahr	Anzahl der Analysen	rö. Σ c. Gehalts-%	Σ der Abweichung +	−	a_1 %	a_2 %
1959	34	29,76	1,42	1,04	8,3	+ 2,7
1960	61	79,92	10,91	1,31	15,3	+ 12,0
1961	118	178,72	12,90	8,03	11,7	+ 2,7
	213	288,40	25,23	10,38		

$$a_1 = \frac{35,61}{288,4} \cdot 100 = 12,3\%$$

$$a_2 = \frac{14,85}{238,4} \cdot 100 = +5,1\%$$

Zul. Abw. a_1 = 7 – 10%

Gehaltsstufe 0,05 – 0,5%

Jahr	Anzahl der Analysen	rö. Σ c. Gehalts-%	Σ der Abweichung +	−	a_1 %	a_2 %
1959	66	15,24	1,09	1,43	16,5	− 2,2
1960	33	7,54	1,035	0,46	19,8	+ 7,6
1961	14	5,39	1,082	—	20,1	+ 20,1
	113	28,17	3,207	1,89		

$$a_1 = \frac{5,097}{28,17} \cdot 100 = 18,1\%$$

$$a_2 = \frac{+1,317}{28,17} \cdot 100 = +4,7\%$$

Zul. Abw. a_1 = 10 – 15%

Pb

Gehaltsstufe 0,5 – 6%

Jahr	Anzahl der Analysen	rö. Σ d. Gehalts-%	Σ der Abweichung +	−	a_1 %	a_2 %
1959	128	219,17	4,89	22,57	12,5	− 8,1
„ (ab Nov.)	50	59,16	1,53	5,12	11,2	− 6,1
1960	195	345,88	26,48	10,35	10,6	+ 4,7
1961	45	52,14	3,45	1,68	9,8	+ 3,4
	418	676,35	36,35	39,72		

$$a_1 = \frac{76,07}{676,35} \cdot 100 = 11,2\%$$

$$a_2 = \frac{-3,37}{676,35} \cdot 100 = -0,5\%$$

Zul. Abw. a_1 = 6 – 12%

Gehaltsstufe 0 – 0,5%

Jahr	Anzahl der Analysen	rö. Σ d. Gehalts-%	Σ der Abweichung +	−	a_1 %	a_2 %
1959	131	30,29	1,49	1,12	8,6	+ 1,1
1960	97	21,66	1,065	1,605	12,3	− 2,5
1961	19	6,11	0,33	0,23	9,2	+ 1,6
	247	58,06	2,885	2,955		

$$a_1 = \frac{5,84}{58,06} \cdot 100 = 10,0\%$$

$$a_2 = \frac{-0,07}{58,06} \cdot 100 = -0,1\%$$

Zul. Abw. a_1 = 12%

Zn

Gehaltsstufe 0,5 – 10%

Jahr	Anzahl der Analysen	rö. Σ d. Gehalts-%	Σ der Abweichung +	−	a_1 %	a_2 %
1959	133	302,31	5,72	9,91	5,2	− 1,4
1960	165	343,04	52,93	8,48	17,9	+ 13,0
1961	61	110,73	6,17	1,79	7,2	+ 4,0
	359	756,08	64,82	20,18		

$$a_1 = \frac{85,00}{756,08} \cdot 100 = 11,2\%$$

$$a_2 = \frac{+44,64}{756,08} \cdot 100 = +5,90\%$$

Zul. Abw. a_1 = 6 – 15%

Gehaltsstufe 0 – 0,5%

Jahr	Anzahl der Analysen	rö. Σ d. Gehalts-%	Σ der Abweichung +	−	a_1 %	a_2 %
1959	111	22,37	0,26	2,11	10,6	− 8,3
1960	112	17,198	1,737	0,364	12,2	+ 8,0
1961	18	3,28	0,49	0,14	19,2	+ 10,7
	241	42,848	2,487	2,614		

$$a_1 = \frac{5,101}{42,848} \cdot 100 = 11,9\%$$

$$a_2 = \frac{-0,127}{42,848} \cdot 100 = -0,3\%$$

Zul. Abw. a_1 = 15%

Diskussion der Ergebnisse:

Kupfer, Stufe 3—10%

Die Abweichungen a_1 liegen, außer im Jahre 1959 (sehr starke Überschreitung — allerdings standen für die Statistik nur sehr wenige chemisch untersuchte Proben über 3% Cu zur Verfügung), etwas außerhalb, die a_2 alle sehr gut innerhalb der Sollgrenzen.

[2]) Hier und im folgenden: zulässige mittlere Abweichung nach den „Vorläufigen Richtlinien"

Stufe 0,5—3,0%

Die Abweichungen a_1 liegen, mit Ausnahme von 1959, etwas über der Sollgrenze; die a_2, mit Ausnahme von 1960, innerhalb der zulässigen Grenzen.

Stufe 0,05—0,5%

Alle Abweichungen a_1 liegen etwas über der Sollgrenze, a_2, mit Ausnahme von 1961 (geringe Probenanzahl), gut innerhalb der zulässigen Grenzen.

Blei, Stufe 0,5—6%

Die Abweichungen a_1 liegen, mit Ausnahme der in der ersten Zeit durchgeführten Bestimmungen (1959 ganz geringe Überschreitung), innerhalb der zulässigen Grenzen, die a_2 liegen alle mehr oder weniger gut innerhalb der Sollgrenzen.

Stufe 0—0,5%

Die Abweichungen a_1 liegen, mit Ausnahme von 1960 — ganz leichte Überschreitung —, sehr gut innerhalb der Sollgrenzen, die a_2 alle sehr gut innerhalb der zulässigen Grenzen.

Zink, Stufe 0,5—10%

Die Abweichungen a_1 liegen — abgesehen von einer leichten Überschreitung im Jahre 1960 — gut innerhalb der Sollgrenzen, alle a_2 liegen ohne Ausnahme innerhalb der zulässigen Grenzen (1960 nicht gut, aber noch ausreichend).

Stufe 0—0,5%

Die Abweichungen a_1, außer im Jahre 1961, wo sehr wenige Proben chemisch untersucht wurden, liegen gut innerhalb der Sollgrenzen. Alle a_2 liegen gut innerhalb der zulässigen Grenzen.

Ursachen für die Abweichungen der röntgenspektrometrischen Ergebnisse von den chemischen

Unter Beachtung der Einschränkungen, die eingangs hinsichtlich der Verwendbarkeit der chemischen Ergebnisse zur Beurteilung des röntgenspektrometrischen Verfahrens gemacht wurden, sind die im folgenden behandelten Ursachen für größere röntgenspektrometrische Abweichungen verantwortlich zu machen.

Beachtliche Störungen rufen die sogenannten Matrixeffekte hervor, hierunter versteht man die Wirkung einer wechselhaften Zusammensetzung des zu analysierenden Materials. Unsere Kupferschiefereichung basiert auf natürlichen Proben, die teilweise in verschiedenen Laboratorien chemisch analysiert worden sind und deren Analysenergebnisse eine gute Übereinstimmung zeigten. Proben, die eine ähnliche Grundzusammensetzung wie die Eichproben haben, ergeben gute röntgenspektrometrische Resultate, da der innere Standard geringe Matrixunterschiede ausgleicht. Bei erheblicher Veränderung der Zusammensetzung der Grundsubstanz wird jedoch kein Ausgleich erzielt, wie aus den Abb. 1 und 2 zu ersehen ist.

Ein innerer Standard wird Matrixeffekte weitgehend ausgleichen, sofern eine bestimmte Proportion zwischen Standard- und Analysenelement eingehalten und dabei eine Auswertung der Meßresultate durch Quotientenbildung (Verhältnis zwischen Analysen- und Standardelement) vorgenommen wird. Diese Voraussetzungen

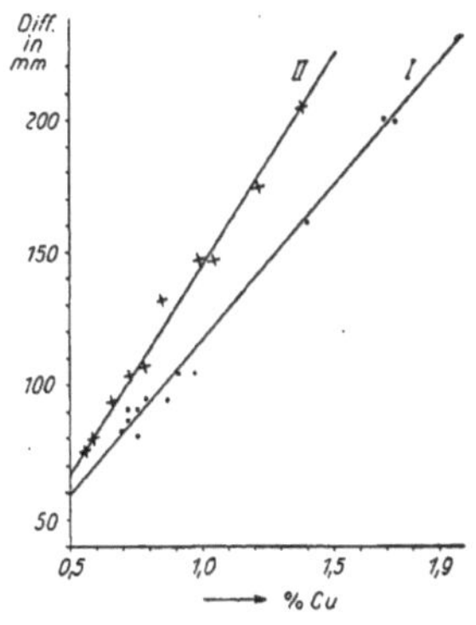

Abb. 1. Eichkurven für Cu in Kupferschieferproben (I) von 0,5—2% und in Konglomeratsandsteinproben (II) von 0,5—1,5%

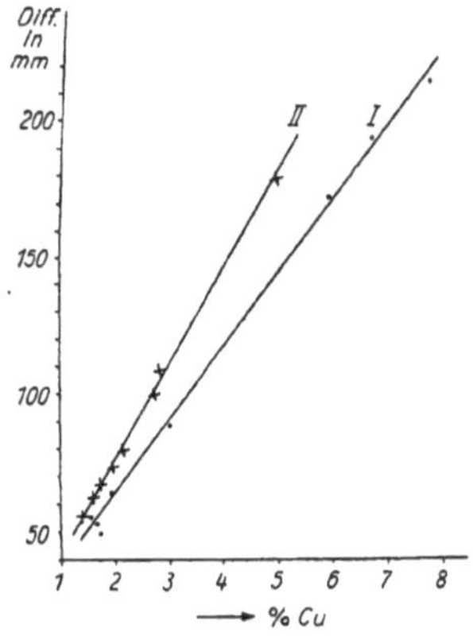

Abb. 2. Eichkurven für Cu in Kupferschieferproben (I) von 1—8% und in Konglomeratsandsteinproben (II) von 1—5%

sind bei unseren routinemäßigen Untersuchungen nicht immer gegeben. So ist es z. B. nicht möglich, die geforderte bestimmte Proportion zwischen Analysen- und Standardelement immer einzuhalten. Dies trifft besonders für höhere Elementkonzentrationen zu, da alle Analysenproben mit der gleichen Standardelementmenge gemischt werden und bei der Routinearbeit aus zeitlichen Gründen Wiederholungsbestimmungen mit entsprechender neuer Probenvorbereitung, eventuell sogar Mehrfachbestimmungen, wenn sich die Gehalte von Cu, Pb und Zn sehr unterscheiden, nicht durchgeführt werden können. Bei unseren für die Kupfererkundung zu analysierenden Proben handelt es sich im wesentlichen um zwei Gesteinsgrundtypen, wenn man von geringen Abweichungen in den Grundzusammensetzungen absieht, die keinen wesentlichen Einfluß auf das Analysenverfahren haben dürften, und zwar um kalkig-dolomitischen Kupferschiefer und Konglomeratsandsteine.

Es ist daher notwendig, Sandstein- und Konglomeratproben nicht nach Kupferschiefer-Eichkurven auszuwerten, sondern nach probengleichen Eichkurven, um genauere Ergebnisse zu erhalten. Dies ist auch in letzter Zeit geschehen. Zur Aufstellung der Eichkurven dienten chemisch analysierte, natürliche Konglomerat- und Sandsteinproben. Um so mehr ist es nun von seiten der Geologen erforderlich, für die zu untersuchenden Proben die Bezeichnung der Gesteinsart anzugeben, wie es auch in jüngster Zeit geschah, um eine differenzierte Auswertung der Meßresultate vornehmen zu können.

Die systematischen positiven Abweichungen der röntgenspektrometrischen Ergebnisse für Cu von den chemischen bei mittleren und kleinen Kupferkonzentrationen, die in ihrer Höhe die Toleranzen der „Vorläufigen Richtlinien" überschreiten, veranlaßten uns, den Einfluß der Zinkgehalte auf die Kupferbestimmung mit Germanium als innerem Standard zu untersuchen. Theoretisch war die Möglichkeit gegeben, daß die Absorption des Zinks, dessen Hauptabsorptionsbereich in der Nähe der Ge-K_β-Linie liegt, die Intensität dieser Vergleichslinie schwächt und dadurch (Verhältnisbildung Cu/Ge mit zu kleinem Nenner) zu hohe Kupfergehalte vorgetäuscht werden. Wie die Untersuchungen ergaben, erweist sich bei kleinen Kupfergehalten neben hohen Zinkgehalten tatsächlich eine Korrektur als notwendig. Sie beträgt für Zinkgehalte von 0,5—5% zwischen 2 und 25% des Kupfergehaltes. Die Berichtigung der Werte erfolgt jetzt an Hand einer Korrekturkurve.

Die Auswertung der röntgenspektrometrischen Meßergebnisse bei der Analyse von Kupferschiefer-, Konglomerat- und Sandsteinproben mit der Probenart besser angepaßten Eichkurven sowie die Berücksichtigung des Einflusses höherer Zinkgehalte auf die Kupferbestimmung lassen hoffen, daß in Zukunft eine noch bessere Übereinstimmung der röntgenspektrometrischen und chemischen Ergebnisse erreicht wird.

Zusammenfassung

In den Jahren 1959 bis 1961 wurden zahlreiche Cu-, Pb- und Zn-Bestimmungen an Kupferschieferproben nach einem röntgenspektrometrischen Verfahren mit Germanium als innerem Standard routinemäßig durchgeführt. Etwa 1700 röntgenspektrometrische Analysen werden naßchemischen Bestimmungen gegenübergestellt. Die Auswertung zeigt, daß für die Elemente Pb und Zn die durchschnittlichen Abweichungen innerhalb der Toleranzen der „Richtlinien für chemisch-analytische Arbeiten" liegen, während sie bei Cu etwas größer sind. Es werden ferner die Ursachen für die Abweichungen diskutiert.

Резюме

В 1959—1961 гг. были проведены многочисленные рентгеноспектрометрические определения меди, свинца и цинка на образцах медистого сланца, причем германий использовался в качестве внутреннего стандарта. Сопоставляются примерно 1700 рентгеноспектрометрических анализов с мокро-химическими определениями. Выясняется, что для свинца и цинка средние отклонения находятся в пределах допустимых ошибок „Директив для химико-аналитических работ", между тем как для меди они оказываются немного большими. Обсуждаются причины отклонений.

Summary

From 1959 to 1961 numerous routine determinations of Cu, Pb and Zn in copper-schist samples were carried out by means of an X-ray spectrometric method using germanium as an internal standard. About 1.700 X-ray spectrometric analyses are compared with chemical wet determinations, and show for the elements Pb und Zn average differences within the tolerances of the „Directions for chemical-analytical works", while they are somewhat higher for Cu. Furthermore the reasons for the differences are discussed.

Literatur

OTTEMANN, J.: Quantitative Röntgenfluoreszenzanalyse auf Blei, Kupfer und Zink in Gesteinen, insbesondere im Kupferschiefer. — Z. angew. Geol., 6, 496—502 (1960).

Vorläufige Richtlinien für die organisatorische Durchführung und die Kontrolle chemisch-analytischer Arbeiten. — Z. angew. Geol., 5, 3, 111—113 (1959).

G. G. GRUSCHKIN

Gesetzmäßigkeiten der Bildung von Flußspatlagerstätten im Tschatkal- und Kuramingebirge[1]

Referiert von EDGAR VOGEL, Berlin

Das Tschatkal- und das Kuramingebirge (Mittelasien, 40—180 km östlich von Taschkent) ist sehr reich an Flußspatlagerstätten und -vorkommen. Sie wurden seit über 20 Jahren von G. G. GRUSCHKIN mit dem Ziel untersucht,

1. Gesetzmäßigkeiten über die Verteilung der Mineralisation zu erarbeiten und
2. flußspathöffige Gebiete und Teufen auszuscheiden, um daraus ableitend
3. prognostische Karten für Flußspat anfertigen zu können.

Zur Geologie des Tschatkal- und Kuramingebirges (vgl. Abb. 1)

Es treten im wesentlichen zwei sedimentäre Folgen auf: eine Sandstein-Schiefer-Folge (Silur—Devon) und eine kalkige Folge (Devon—Karbon). Abgesehen von lokalen jurassischen und kretazischen Transgressionen ist das Tschatkalgebirge seit dem oberen Paläozoikum ein kompliziertes brachyantiklinales Hebungsgebiet. Granitoide werden nur untergeordnet beobachtet.

Im Kuramingebirge dagegen erfolgten vom oberen Visé bis offensichtlich einschließlich der unteren Trias gewaltige vulkanische Eruptionen und magmatische Intrusionen. In großen Teilen des Kuramingebirges sind heute Granodiorite und jüngere Granitoide aufgeschlossen.

Das Tschatkalgebirge ist im Westen, Süden und Osten von einer Zone randlicher Brüche umgeben, an denen dieses Gebirge im oberen Paläozoikum gehoben worden ist. In dieser Zone treten 2—3 und darüber mehr oder

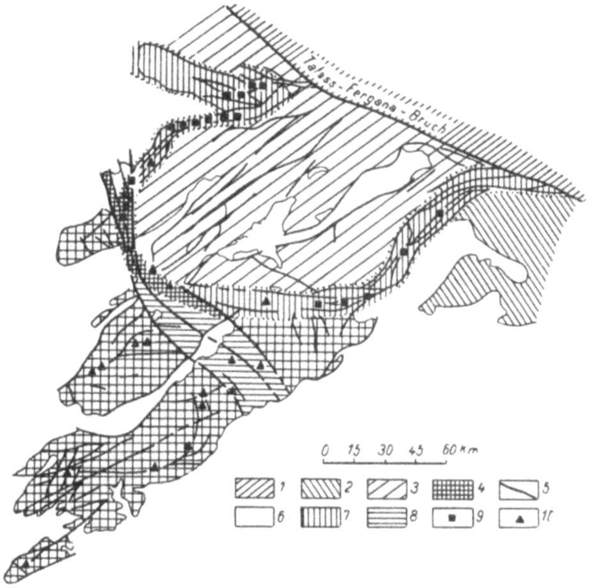

Abb. 1. Schema der tektonischen Gliederung der Tschatkal-Kuramin-Erzprovinz (Grenzen der Gebiete und Bruchzonen nach W. I. POPOW und N. P. WASSILKOWSKI)

1 — Rayon Talass (unteres Paläozoikum); 2 — Rayon Naryn (oberes Paläozoikum und Mesozoikum); 3 — Rayon Tschatkal (hauptsächlich mittleres Paläozoikum); 4 — Rayon Kuramin (hauptsächlich oberes Paläozoikum); 5 — disjunktive Störungen; 6 — Oberkreide, Tertiär, Quartär und rezente Schichten; 7 — Zone der oberpaläozoischen Flexuren und Randdislokationen; 8 — Bruchzone in oberpaläozoischen Schichten ($C_1 + T_1$); 9 — Quarz-Flußspat-Baryt-Kalzit-Lagerstätten und -Vorkommen mit Fahlerzen (Cu, Sb, Hg) oder Zinnober und Antimonglanz; 10 — Quarz-Flußspat-Baryt-Kalzit-Lagerstätten und -Vorkommen mit Bleiglanz und Zinkblende oder Quarz-Flußspat-Kalzit-Lagerstätten und -Vorkommen

[1]) Aus: „Geologija rudnych mestoroshdenij", H. 1, 1961, S. 92—104

weniger parallel verlaufende Brüche auf, die sich einige Dutzend km, teilweise auch bis zu 200 km verfolgen lassen.

In der Regel fallen diese Brüche steil nach der gehobenen Scholle des Tschatkalgebirges ein.

In der Nähe der Grenze des Tschatkal- und des Kuramingebirges tritt eine Serie sehr markanter, NW—SE streichender und steil nach NE einfallender Brüche auf. Sie bilden zwei parallele plattenartige Schollen, die den stufenartigen Übergang von der Tschatkal-Hebung zur Kuramin-Depression bedingen. Außerdem treten im Kuramingebirge u. a. kleinere innergebirgige, vorwiegend NE—SW streichende Dislokationen auf.

Auftreten des Flußspats in diesen Gebirgen

In genetischer Hinsicht wird Flußspat beobachtet:

1. als akzessorischer Gemengteil in präoberpermischen Graniten vom Schaidan-Typ; in Granitporphyren, Felsophyren, Lipariten der Kysylnurinsker effusiven Folge (P_2 — T_1) und in ihren Intrusionen; in vielen jungen (postkysylnurinsker) Gesteinsgängen sowie in kleinen Stöcken von Granophyren, Felsitporphyren, Quarzsyenitporphyren und Albititen;
2. in Pegmatiten, Quarz-Feldspat-Gängen, in Quarz-Wolframit- und Quarz-Zinnstein-Gängen sowie in Skarnen. Von diesem Typ sind 80 nichtabbauwürdige Vorkommen bekannt;
3. in Quarz-Hämatit-Gängen innerhalb sulfidischer Gangzonen als deutlich jüngere Quarz-Flußspat-Schwerspat-Abfolge sowie in reinen Quarz-Flußspat-Schwerspat-Gängen. 80% des nachgewiesenen Flußspats sind in solchen jüngeren Gangtrümern, die sulfidische Quarzgänge durchörtern, konzentriert.

Die großen, regionalen, tief angelegten Brüche sind zwar in einzelnen Abschnitten mineralisiert, aber in ihnen treten keine bauwürdigen Flußspatlagerstätten, sondern nur zahlreiche Flußspatvorkommen und einzelne kleine nichtbauwürdige Flußspatlagerstätten auf.

Der größte Teil (60%) dieser Flußspatlagerstätten ist an Zerrspalten (disjunktive Spalten) gebunden, die sich 5—20 km weit verfolgen lassen und gewöhnlich mit den regionalen Brüchen in Zusammenhang stehen.

Die übrigen Flußspatlagerstätten (40%) treten auf kleineren Zerrspalten auf, die fiederförmig entweder von den regionalen Brüchen oder von den großen Zerrspalten abzweigen.

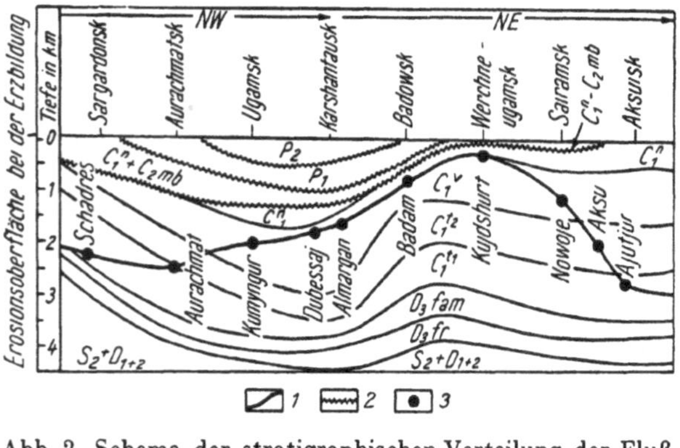

Abb. 2. Schema der stratigraphischen Verteilung der Flußspatmineralisation innerhalb der Zone der Randbrüche des Tschatkalgebiets und die Bildungstiefe der Lagerstätten

P_2 — Kysylnurinsker Folge, P_1 — Schurabsaj-Folge, C_{2mb} — Minbulak-Folge, C_1^n — Kalke und Schiefer des Namur, C_1^v — Kalke des Visé, C_1^{t2} — Kalke des oberen Tournai, C_1^{t1} — Kalke des unteren Tournai, D_3fam — Famenne-Kalke, D_3fr — Frasne-Sandsteine, $S_2 + D_{1+2}$ — Sandsteine der Karakasmak-Folge

1 — gegenwärtiger Erosionsanschnitt, 2 — diskordante Lagerung, 3 — Lagerstätten und Vorkommen

Eine bauwürdige Flußspatmineralisation wird in einem Abstand von 2,5 km zu beiden Seiten der regionalen Brüche beobachtet. Als höffig gelten daher ein Streifen von 5—6 km entlang der regionalen Brüche (2,5—3 km zu beiden Seiten) und Gebiete, in denen sich disjunktive Störungen 5—20 km verfolgen lassen.

Flußspatkonzentrationen werden beobachtet in den ca. 4 km mächtigen oberdevonischen (D_3) und unterkarbonischen Kalken (C_1), in permischen Effusivgesteinen (im Tschatkalgebiet nur in den Basalschichten) sowie in den Granodioriten (Karamasar-Typ).

Flußspat fehlt dagegen in den silurischen, devonischen, jurassischen und kretazischen Sandsteinen und Schiefern sowie in den paläogenen Kalken.

Im Tschatkalgebirge liegen alle sechs großen Lagerstätten in einem relativ kleinen stratigraphischen Bereich, und zwar in der oberen Hälfte des unteren Tournai bis zur Mitte des Visé, wobei ein Maximum an Flußspat an den mittleren Teil dieser Kalkfolge gebunden ist (oberes Tournai) und nach oben und unten die Fluormineralisation rasch ausklingt.

Im Kuramingebirge treten mehr als $^2/_3$ der abbauwürdigen Vorräte an Flußspat in Granodioriten des Karamasar-Typs, 88 Flußspatlagerstätten und -vorkommen in oberpaläozoischen Effusiva sowie minimal entwickelte Flußspatmineralisationen in präunterpermischen Präschurabsaj-Graniten (Schaidan-Typ), in den oberpermischen Kysylnurinsker Quarz- und Felsitporphyren, in Granophyren, Diabasporphyriten und in anderen Intrusivgesteinsgängen auf.

Alter der Mineral- und Erzgänge

Nach B. N. NASLEDOW (1935) gehören die Vererzungen des Tschatkal- und des Kuramingebirges drei metallogenetischen Phasen an (diese Gliederung wird auch heute noch von vielen sowjetischen Geologen vertreten):

1. asturische Phase mit Skarn-Magnetit-Vererzung;
2. pfälzische Phase mit seltenen Metallen, mit polymetallischer Skarnvererzung und mit Cu-Mo-Vererzung und
3. mesozoische (präkretazische, vermutlich untertriadische) Phase mit Arsen-Wismut-, Quarz-Hämatit-, polymetallischen Quarz-Flußspat-Schwerspat- und Antimon-Mineralisationen.

F. I. WOLFSON (1937, 1951), O. A. KAISER (1937) und L. M. JEFIMENKO (1941) nehmen dagegen an, daß alle Erzlagerstätten des Kuramin- und Tschatkalgebirges, auch die Quecksilber-Antimon- und die Flußspatlagerstätten, als Spätstadium einer einheitlichen postoberpermischen Vererzung (nach der Bildung der Diabas-Porphyrit-Gänge) angehören.

Primäre Bildungstiefe der Flußspatlagerstätten und -vorkommen

Wenn man die vertikale Verbreitung der Flußspatmineralisation nur nach dem generalisierten stratigraphischen Profil dieser Gebiete beurteilt, gelangt man zu großen Werten (6—8 km nach P. F. IWANTIN & I. I. CHALTURINA 1955).

Zur Bestimmung der Bildungstiefe des Flußspates wurden vom Verfasser daher die fazielle, die tektonische und/oder die geomorphologische Analyse des Gebietes herangezogen. Alte erhalten gebliebene Erosionsoberflächen (Tertiär, Oberkreide, Jura und Trias) erlaubten, die

Mächtigkeit der erodierten Gesteine und damit auch die Bildungstiefe von Flußspat präziser zu bestimmen. Unter Berücksichtigung der Hiati, der Diskordanzen und der Blocktektonik wurden Bildungstiefen von 400 bis 2800 m berechnet (vgl. Abb. 2).

Diese empirisch ermittelten Gesetzmäßigkeiten haben eine große praktische Bedeutung:

Wenig höffig ist ein Erosionsanschnitt von mehr als 2500—3000 m, höffig ist ein Erosionsanschnitt von 400 bis 2500 m, besonders höffig ist ein Erosionsanschnitt von 1600—2000 m.

Auf Grund dieser Gesetzmäßigkeiten konnten großmaßstäbliche, begründete prognostische Karten dieser Gebiete für Flußspat angefertigt werden.

Fernregistrierung von untertägigen Wasserzuflüssen[1]

K. LIEBISCH, Eisleben

1. Vorbemerkungen

Seitdem in der Mansfelder Mulde Bergbau auf Kupferschiefer betrieben wird, sind die Grubenräume von untertägigen Wasserzuflüssen betroffen, die sich vielfach recht störend auf den Arbeitsprozeß auswirken und die sich beim Zusammenwirken einer Reihe negativer Faktoren bis zu katastrophalen Wassereinbrüchen entwickeln können (LORENZ 1962).

Nach dem Wassereinbruch von 1958 auf dem Otto-Brosowski-Schacht wurden im Bereich des gesamten VEB Mansfeld-Kombinat „Wilhelm Pieck", Eisleben, in verstärktem Maße technische Vorkehrungen getroffen (u. a. Vorbereitung von Kapselfeldern, Installierung größerer Pumpkapazitäten), um in Zukunft die katastrophalen Folgen der Wassereinbrüche weitgehend einzudämmen.

Die zu diesem Zeitpunkt mit gesteigerter Intensität einsetzende wissenschaftliche Erforschung der geologischen und hydrogeologischen Probleme hatte als Ergebnis die Verlegung des Abbaus in Bereiche zur Folge, die unter einer genügend mächtigen Staßfurt-Steinsalzüberdeckung liegen. Ferner wurde eindeutig festgestellt, daß eine exakte Kontrolle der untertägigen Zuflüsse von ausschlaggebender Bedeutung ist, weil die Ergebnisse einer regelmäßigen Traufenkontrolle (Messung der Schüttungsmengen, der Temperaturen und Feststellung des Chemismus) Schlußfolgerungen auf die Entwicklungstendenz der eindringenden Wässer zulassen.

In einigen Gebieten im Grubenfeld der Mansfelder Mulde haben sich in der vergangenen Zeit des Kapitalismus, bedingt durch unsachgemäße Streckenauffahrungen und Abbauführung, die ohne Berücksichtigung der geologischen und hydrogeologischen Besonderheiten ausgeführt wurden, Traufengebiete entwickelt, aus denen noch heute erhebliche Wassermengen in das Grubengebäude eindringen.

Zwei dieser Traufengebiete, die sich unmittelbar an den Verbreitungsgrenzen des Werra- und Staßfurt-Steinsalzes, also in der Aktivablaugungszone, entwickelt haben, wurden daher Mitte 1961 mit Fernregistrieranlagen ausgestattet, um jederzeit die Entwicklung der vorhandenen Wasserzuflüsse zu überwachen.

2. Verwendete Meßgeräte[2])

Die verwendeten Fernregistrieranlagen setzen sich 1. aus dem sogenannten Geber und 2. aus dem Sechsfarben-Fallbügel-Punktschreiber zusammen.

Zu 1. Durch geeignete mechanische Umlenkungen werden im Geber die Wasserhöhenschwankungen auf eine Kontaktbahn von z. B. 50 Kontakten übertragen. Diese Kontakte sind durch Widerstände miteinander verbunden, so daß ähnlich einer Potentiometerschaltung im Stromkreis eines Strommessers ein der Meßhöhe entsprechender Ausschlag abzulesen ist. Bei 10 cm Meßhöhe und 50 Kontakten ergäbe das den kleinsten Meßwert von 0,2 cm.

Um nicht zu hohe Anforderungen an den Isolierwiderstand der Leitungen zu stellen, beträgt die Meßspannung ca. 50 V und die größte Stromstärke 1 mA, so daß ein Isolationswiderstand von ca. 0,5 Megohm noch tragbar ist. Die Meßspannung (Gleichstrom) wird aus 220 V Netzwechselspannung über einen Trenntransformator im sekundären Kreis auf 150 V umgespannt, dann gleichgerichtet, mit entsprechenden Siebungsmitteln (Kondensatoren und Drosseln) in reinen Gleichstrom umgeformt. Dieser Gleichstrom wird durch einen Stabilisator auf 70 V stabilisiert, von diesem abgenommen und in einem Spannungsteiler mit ca. 3 mA Querstrom auf ein Viertel herabgesetzt, so daß — da diese Spannung in die Meßwiderstände mit eingeht — diese Bezugsspannung je nach Stellung des Kontaktgebers 15—18 V beträgt.

Zu 2. Als Registriergerät wird der Sechsfarben-Fallbügel-Punktschreiber des VEB Meßgerätewerk Quedlinburg benutzt.

3. Einsatz der Meßgeräte

Die vorstehend beschriebenen Geräte sind in der 7. Sohle des Otto-Brosowski-Schachtes und in der 5. Sohle des Ernst-Thälmann-Schachtes eingesetzt. Als Beispiel sei hier die Verwendung im Traufenbereich der 5. Sohle des Ernst-Thälmann-Schachtes näher beschrieben.

In diesem Bereich dringt seit dem „permanenten" Wassereinbruch von 1907 durchschnittlich 14 m³/min stark salzhaltiges Wasser in die Grubenbaue ein (vgl. LORENZ 1962). Diese Wassermengen werden zum größ-

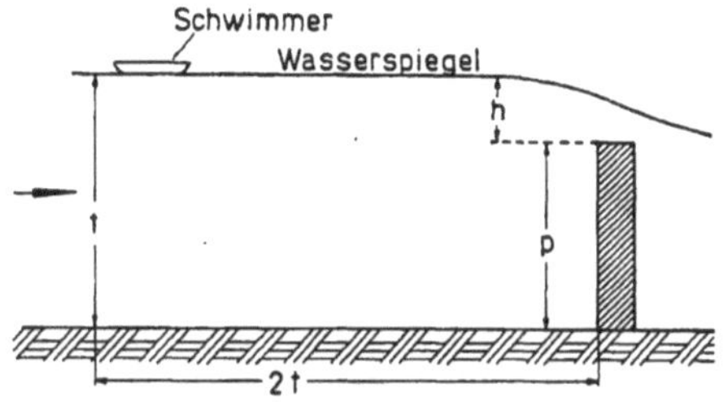

Abb. 1. Prinzipskizze eines Meßwehrs
t — Fließhöhe, h — Geschwindigkeitshöhe, p — Wehrhöhe

---

[1]) Eingang des Manuskripts in der Redaktion: 3. 8. 1962.

[2]) Der Geber der Fernregistrieranlage wurde von Rundfunkmechanikermeister W. SEHNERT, Hettstedt, entworfen und gebaut, der außerdem freundlicherweise die technische Beschreibung zur Verfügung stellte.

ten Teil in fünf Meßwehren erfaßt und durch diese in die Ritzstrecke der 5. Sohle abgeleitet, von wo sie über verschiedene Pumpstationen in den Schlüsselstollen gehoben und bei Friedeburg in die Saale geleitet werden.

Da man mit den Fernregistriergeräten Höhendifferenzen mit Hilfe eines sich dem jeweiligen Wasserstand anpassenden Schwimmers aufzeichnen kann, wurden die einzelnen Meßstellen zumeist als Überlaufwehre ausgelegt, bei denen die Fließhöhe gemessen und aufgezeichnet wird, während die Gefluterbreite und die Wehrhöhe konstant gehalten werden.

Der prinzipielle Aufbau eines Meßwehrs ist in Abb. 1 wiedergegeben.

Da die Abflußmenge eine Funktion der Fließhöhe ist, läßt sich nach der Formel

$$V = f(t) = 2{,}9 \cdot \left(0{,}6 + 0{,}08 \cdot \frac{he}{p}\right) \cdot b \cdot he^{\frac{3}{2}}$$

wobei

p = Wehrhöhe	b = Gefluterbreite
t = Fließhöhe	he = h + 0,001
h = Geschwindigkeitshöhe	p = t − h

bedeutet, vereinfacht nach REHBOCK, leicht die entsprechende Kurve darstellen, die es gestattet, aus der Fließhöhe das Volumen zu ermitteln (Abb. 2).

Der Geber des Meßgeräts wurde so ausgestattet, daß ein Niveauunterschied von 0,10 m der Fließhöhe mit dem Schwimmer erfaßt wird. Die Impulse des Gebers werden über eine ca. 2 km lange Kabelverbindung mit dem Sechsfarben-Fallbügel-Punktschreiber aufgezeichnet, der für das genannte Traufengebiet in der 7. Sohle in der Nähe der Schachtröhre installiert ist und durch den Anschläger ständig beobachtet werden kann.

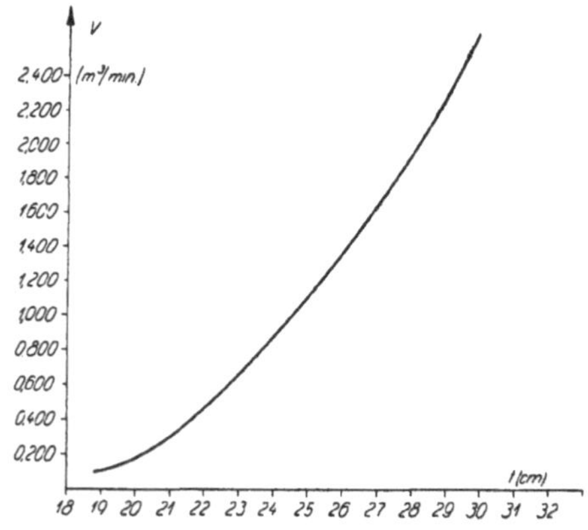

Abb. 2. Volumenkurve entsprechend der im Text angegebenen Gleichung

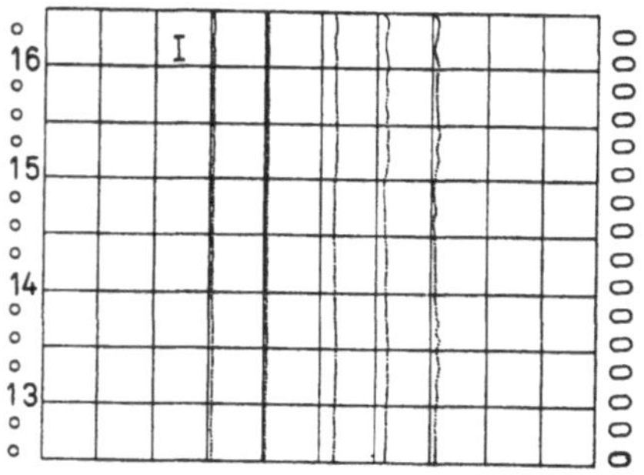

Abb. 3. Registrierstreifen des Sechsfarben-Fallbügel-Punktschreibers

Abb. 4. Meßeinrichtung in der 7. Sohle des Otto-Brosowski-Schachtes (Foto: LIEBISCH)

Der Sechsfarben-Fallbügel-Punktschreiber ist so eingestellt, daß in der Stunde ca. 30 Einzelmessungen aufgetragen werden, so daß eine kontinuierliche Meßspur entsteht, die bei der beschriebenen Meßstelle der Spur I auf der Abb. 3 entspricht. Die Spur I repräsentiert eine Wassermenge von etwa 2,3 m³/min.

Die seit ca. einem Jahr im rauhen Untertagebetrieb arbeitende Meßeinrichtung zeigte bis heute noch keine Störungen.

Nach ähnlichem Prinzip arbeitet auch die Meßeinrichtung in der 7. Sohle des Otto-Brosowski-Schachtes, die auf Abb. 4 wiedergegeben ist.

Zusammenfassung

In dem Beitrag wird der Aufbau und die Funktionsweise einer Fernregistrierung untertägiger Wasserzuflüsse im Kupferschieferbergbau beschrieben.

Резюме

В статье описываются строение и метод работы дистанционной записи подземных водопритоков при разработке медистого сланца.

Summary

The article describes the design and operation of an instrument for the remote recording of underground inflows of water in copper-schist mines.

Literatur

LIEBISCH, K. & S. LORENZ: Die unter- und übertägigen hydrogeologischen Verhältnisse im Ernst-Thälmann-Schacht des VEB Mansfeld Kombinat „Wilhelm Pieck“, Eisleben. — Exkursionsführer der Geol. Ges. DDR, 9. Jahrestagung in Erfurt, Berlin 1962.

LORENZ, S.: Wassereinbrüche im Mansfelder Kupferschieferbergbau. — Z. angew. Geol., 8, H. 6, Berlin 1962.

MEYER, G.: Unveröff. Arbeitsunterlagen der geol. Abteilung des Ernst-Thälmann-Schachtes des Mansfeld-Kombinats Eisleben.

REMUS, W.: Automatisierung des Schließens von Dammtoren und Fernüberwachung von Traufenstellen im Mansfelder Bergbau. — Unveröff., Vortrag anläßlich der Mechanisierungskonferenz des Mansfeld-Kombinats Eisleben, 1961.

Zeitschrift für angewandte Geologie (1963) Heft 2

Verlängerung der Lebensdauer einer Kalklagerstätte durch neue Technik[1]

(Mitteilung aus dem VEB Geologische Erkundung West, Halle)

JOHANNES POMPER, Halle (Saale)

1. Vorbemerkung

Anläßlich einer Reise im Jahre 1961 in die ČSSR hatte Verf. Gelegenheit, eine Kalklagerstätte kennenzulernen, deren günstige Transportlage für die Bauindustrie der wachsenden Großstadt Brno von wesentlicher Bedeutung ist. Es handelt sich um das Devonkalkvorkommen von Čebin, ca. 25 km nördlich von Brno. Die Vorratslage ist so begrenzt, daß die Lagerstätte bei der bisherigen Verarbeitungsweise des Kalksteins in Schachtöfen in einigen Jahren erschöpft wäre. Der Grund hierfür ist der hohe Anfall von kleinstückigem Kalkstein (Unterkorn), mit welchem die Schachtöfen nicht beschickt werden können. Das kleinstückig anfallende Material mußte auf Halde gegeben werden. Die Erkundung des Kalkvorkommens ergab, daß sich die Lebensdauer der Lagerstätte bei Verwendung des Unterkorns neben dem grobstückigen Material auf mindestens 50 Jahre verlängern läßt. Ein Brennen des Unterkorns ist nur im Drehofen möglich. Aus diesem Grunde wurde neben den weiterverarbeitenden Schachtöfen ein Versuchsdrehofen gebaut. Die Ergebnisse sind so, daß man sich entschieden hat, das Kalkwerk mit einem weiteren, größeren Drehofen auszurüsten. Die Drehofenversuchsanlage bewies, daß im Kalkbruch anfallendes Unterkorn restlos nutzbar ist.

Da dieses im Kalkwerk Čebin gelöste Problem für einige Kalkwerke der DDR von Bedeutung ist[2]), werden nachfolgend die relativ kleine Lagerstätte mit ihrer geologischen Begrenzung und die Verarbeitung des Feinmaterials im Drehofen beschrieben. Dies geschieht besonders im Hinblick auf die Kalkwerke der DDR, die im Harz ebenfalls Devonkalke mit 25—30% Abriebverlust oder im Muschelkalk mit noch weit höheren Verlusten verarbeiten.

2. Die Lagerstättensituation des Kalkvorkommens Čebin bei Brno

Das Devonkalkvorkommen gehört der tektonisch begrenzten geologischen Einheit des „Boskowitzer Grabens" an, welcher SSW—NNE streicht. Der devonische Massenkalk (Givet) ist in 60—70 m Mächtigkeit in den assyntischen (?) Granodiorit von Brno derart eingefaltet, daß er nur in ca. 100 m Breite und ca. 1000 m Länge für den Abbau angreifbar ausstreicht. Die überlagernden permokarbonischen Sandsteine und Konglomerate begrenzen mit einer steil fallenden Störungsfläche im Hangenden die Kalke. Das Liegende der Kalke bilden, ebenfalls mit eingefaltete, bis 20 m mächtige Quarzite. Aus dem schematischen Profil in Abb. 1 geht hervor, daß damit der Kalklagerstätte Grenzen gesetzt sind. Die Erkundung auf B- und C-Vorräte ergab ca. 16 Mill. t. Bei der vorgesehenen Jahresentnahme von 3 Mill. t Rohkalk reicht die Lagerstätte rund 50 Jahre. Im Durchschnitt enthalten die Kalke 96% $CaCO_3$, 0,16% Fe_2O_3, 0,6% Al_2O_3, 0,1% SO_3, 0,5% MgO und 0,7% SiO_2. Es handelt sich um ein relativ kleines Lager von hochwertigem Kalkstein. In der weiteren Umgebung von Brno sind im sogenannten Brnoer Karst noch weit größere Kalkvorkommen ähnlicher Qualität vorhanden. Sie werden jedoch nicht angegriffen, weil ihr Bereich als Naturschutzgebiet und vielbesuchtes Reisegebiet tabu ist.

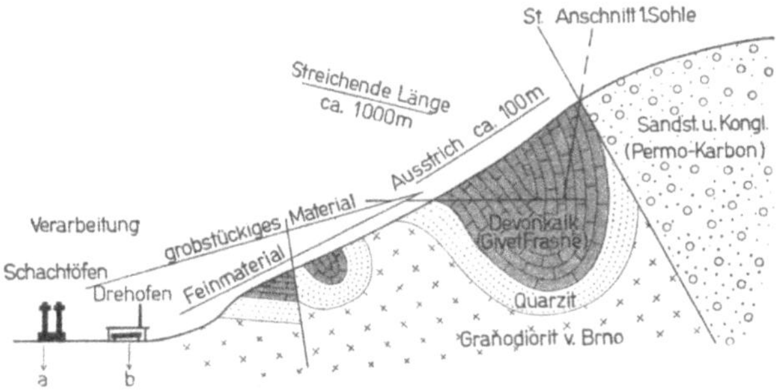

Abb. 1. Lagerungsverhältnisse und Verarbeitung Kalkwerk Čebin, 25 km nördl. Brno, Boskowitzer Graben (schematisch)

a — Stückkalk, Löschen durch Sümpfen; b — Feinsand- bzw. Pulverkalk, Löschen durch Anrühren des Mörtels

3. Die Verarbeitung im Drehofen

Bis vor wenigen Jahren brannte das Kalkwerk nur grobstückigen Kalkstein über Faustgröße in Schachtöfen. Hierdurch mußten große Verluste an Unterkorn auf Halde wandern. Zur Schonung der Vorräte bzw. zur Verlängerung der Lebensdauer der Lagerstätte angesichts der Baustoffversorgung der wachsenden Großstadt Brno entschloß man sich zur Verwertung des Unterkorns, zunächst durch eine Drehofen-Versuchsanlage von 14 m Länge. Auf Grund der guten Erfolge wird der Bau eines größeren Drehofens in Kürze realisiert.

Zur Zeit werden in der Versuchsanlage, die voll mechanisiert ist, alle Kalksteinkörnungen, die bisher als Abfallschotter (bis Faustgröße) auf Halde wanderten, zu einem Kalk gebrannt, der dem im Schachtofen gebrannten in keiner Weise nachsteht, sondern sogar noch Vorteile bietet.

Das Unterkorn wird auf 100—800 µ Korngröße gemahlen, durch Luftzyklon dem Drehofen zugeführt und bei 1200°C in 1—1¼ Std. Durchlaufzeit gebrannt. Durch Luftgegenstrom wird das Brennprodukt gekühlt und im Vibrationstransport zum Silo gebracht.

[1]) Eingang des Manuskripts in der Redaktion: 21. 7. 1962.

[2]) Hierzu ist zu sagen, daß nicht etwa die Aufgabe steht, alle Kalkwerke der DDR mit Drehöfen auszustatten. Eine solche aufwendige Anlage ist selbstverständlich erst bei einer genügend großen Betriebskapazität rationell.

In der DDR wurde bereits 1957 vom Institut für Zement der Lepolofen zum Brennen von kleinstückigem Kalkstein erprobt. Nach zahlreichen Versuchen mit verschiedenen Kalken bewährte sich dieser und kann jederzeit in der Produktion Eingang finden. Besonders in den Harzkalkwerken und auch in Bad Bibra ist der Einsatz von Lepolöfen geplant.

Die besten Ergebnisse wurden mit den Körnungen 10 bis 20 mm und 20 bis 40 mm erzielt. Für das restliche Korn 0 bis 10 mm ist eine Vermahlung zu Rohsteinmehl für Düngezwecke bzw. ein Brennen im Wirbelschichtofen vorgesehen. Der Wirbelschichtofen befindet sich im Institut für Zement noch in der Erprobung.

D. Red.

Der gebrannte Kalk wird in verschiedenen Sandkörnungen in Papiersäcke als Endprodukt verpackt und als Pulverkalk oder Feinsandkalk direkt an die Baustellen geliefert. Dort wird er ohne vorheriges Einsumpfen mit Sand und Wasser zu Mörtel gemischt.

Diese Art der Verarbeitung bringt folgende Vorteile: 1. restlose Verwendung des Unterkorns, 2. Erhöhung der Lebensdauer der Lagerstätte, 3. schnelles Brennen durch die Feinmahlung, 4. Transportmöglichkeit in Papiersäcken, 5. Einsparen des Einsumpfens bzw. Löschens durch die Möglichkeit, den Kalk trocken dem Sand beizumischen.

Abb. 2. Halde des Kalkwerks Rübeland: Höhe ab Talsohle (nicht sichtbar) etwa 120 m. Inhalt mehr als 1,5 Mill. t Kalksteinunterkorn

4. Auswertung

Verf. hat die Anlage in Betrieb gesehen und kann berichten, daß in dem völlig geschlossenen Fabrikationsablauf keine Staubbelästigung auftritt und keine Handarbeit notwendig ist. Die restlose Verarbeitung des Kalkes im Drehofen bei voller Mechanisierung ist eine Lösung, wie sie besser nicht sein kann. Die Wirtschaftlichkeit kann noch nicht endgültig nachgewiesen werden, da es sich um eine junge Versuchsanlage handelt. Jedoch ist bei der Erwägung der Ökonomie ein wesentlicher Faktor die Erhaltung der Lagerstätte auf 50 Jahre, die den Geologen zunächst interessiert.

Inwieweit die Anwendung einer derartigen Lösung durch neue Technik auf die Verhältnisse der Kalklagerstätten der DDR mit allen Vorteilen und Nachteilen theoretisch schon erwogen wurde, ist dem Verf. nicht bekannt. Jedoch seien hierzu einige bekannte Tatsachen angeführt: Schon in den ersten Jahrzehnten unseres Jahrhunderts ist man in Amerika zur Verwendung von Drehöfen zum Kalkbrennen übergegangen, wie sie heute zur Zementproduktion verwendet werden. Die Drehöfen haben den Vorteil, daß bei kürzerer Brennzeit das Brenngut kleinstückig oder sogar fein eingebracht werden kann. Durch die kontinuierliche, langsame Drehung des schwach gegen die Horizontale geneigten Ofens ist das Brenngut laufend in Bewegung und kann den Durchgang der Feuergase nicht durch Verstopfung hemmen. Es braucht also kein Unterkorn als unbrauchbarer Kalksteinschutt auf Halde zu wandern. Dieser Übelstand ist besonders an den Riesenhalden der meisten Kalkwerke der DDR deutlich sichtbar. Es sei hier an einige bekannte Kalkwerke erinnert, denen das Haldenproblem erhebliche Kosten durch besondere Haldenförderung verursacht:

Rohstoff:	Betrieb:	Haldenförderung durch:	Abriebverluste der Vorräte:
Hochwertigster Industriekalk (Mitteldevon)	Kalkwerk Hornberg	Seilbahn	25–30%
	Kalkwerk Rübeland	Bandstraße	25–30%
	Kalkwerk Piesteritz	Bandstraße	25–30%
Baukalk (Muschelkalk)	Kalkwerk Bad Bibra u. a.	Feldbahn	40–50%

Aus dieser Aufstellung ist leicht zu ersehen, daß neben der kostspieligen Haldenförderung noch erhebliche Rohkalksteinverluste auftreten. Diese sind bei großen Kalkvorkommen zwar tragbar, aber auf längere Sicht unökonomisch. Sie erhöhen die Transportwege durch schnelleren Abbaufortschritt.

Im Falle Kalkwerk Bad Bibra ist es sogar so, daß nur die grobstückig anfallenden Kalksteine der Oolithbankzone in den bisherigen Schachtöfen nutzbar sind. Der darüberlagernde flaserige Wellenkalk ist Abraum. Hierdurch entsteht ein Abraumverhältnis schlechter als 1:1. Infolge Einfallens in der Abbaurichtung wird sich dieses Verhältnis mit jedem Meter Abbaufortschritt verschlechtern. Daher ist zur Zeit der Fortbestand des Kalkwerks Bad Bibra in Frage gestellt. Wäre ein Drehofen vorhanden, so könnte der größte Teil des auf Abraumhalde wandernden flaserigen Unterkorns zu Branntkalk gleicher Qualität genutzt werden. Mit dem zusätzlichen Bau von Drehöfen (abgesehen von dem notwendigen Ersatz der völlig veralteten Schachtöfen) steht und fällt im Falle Bad Bibra bei der vorliegenden Lagerstätten- und geologischen Situation der Fortbestand des Werkes.

Im Falle der noch wertvolleren mitteldevonischen Kalke des Elbingeröder Komplexes (Mittelharzer Industriekalke) ist die Haldung des Abfalls nicht nur ein ökonomisches, sondern auch ein Raumproblem. Es entstehen in den drei Großkalkwerken (Rübeland, Piesteritz, Hornberg) Halden von Unterkorn bis zu 50 m Höhe und mehr.

Ihr schnelles Emporwachsen hat eine ebenso schnelle Verbreiterung der Haldenbasis zur Folge. Dieser sind wiederum durch die relativ engen angrenzenden Täler Grenzen gesetzt (mit Ausnahme des Hornberger Kalkwerks). Das anfallende Unterkorn, ca. 25—30% des Haufwerks, muß 50 m und mehr aufwärts befördert werden (siehe Abb. 2). Der mögliche Ausweg, dieses Haldenmaterial zur Zementproduktion zu verwenden, ist mehrfach erörtert, aber aus Raum- und Transportgründen immer wieder verworfen worden. Eine andere Möglichkeit ist in den genannten Fällen das Brennen des Unterkorns in Drehöfen.

5. Schlußbemerkungen

Die vorstehenden Ausführungen entbehren noch der exakten ökonomischen Überprüfung, besonders bei der Übertragung auf die Verhältnisse in der DDR. Eine solche Überprüfung ist Sache von Kalkwerkstechnologen. Die vorliegende Beschreibung des Kalkwerks

Čebin soll eine Anregung für koordinierende Stellen sein, bei analog gelagerten Fällen der heimischen Kalkindustrie den Drehofen als neue, wirtschaftlicher arbeitende Technik zu erwägen. Die damit ohne Zweifel verbundene Schonung der Lagerstätten wird seitens der Geologen auf jeden Fall begrüßt.

Besonders im Falle der Mittelharzer Devonkalke muß hervorgehoben werden, daß dieses das einzige Industriekalkvorkommen von hoher Reinheit in Deutschland ist. Selbst wenn die Vorräte nach dem heutigen Stand der Kenntnisse auf mehr als eine Milliarde t geschätzt werden können, darf damit nicht leichtfertig umgegangen werden. Es ist hierzu noch zu sagen, daß gerade die Mittelharzer Kalke als Hilfsstoff bzw. Zwischenprodukt für die chemische Großindustrie zur Herstellung von Soda, Ätznatron, Ammoniak, Chlorkalk, Kalziumkarbid, Kalkstickstoff, Zucker, Zellstoff sowie für die Hüttenindustrie unentbehrlich sind. Es liegen also triftige Gründe vor, unsere hochwertigsten Kalklagerstätten nicht nur zu schonen, sondern schon in der Perspektive auf größere Zeiträume sorgsam einzuteilen und ihre Lebensdauer nicht durch vermeidbaren Raubbau zu verkürzen.

Zusammenfassung

In der Kalksteinverarbeitungsanlage des Devonkalkvorkommens von Čebin bei Brno, die Verf. besichtigte, werden durch Mitverwendung des Unterkorns, das im Drehofen gebrannt wird, große Verluste an hochwertigem Material und große Abfallschotterhäufungen auf Halden vermieden. Die Lebensdauer der Lagerstätte wird bei diesem Verfahren wesentlich verlängert. Verf. erörtert die bei einer Übertragung desselben auf die besonderen Verhältnisse der Kalklagerstätten der DDR anfallenden Probleme.

Резюме

Автор посетил фабрику для переработки девонских известняков месторождения Чебин около Брно. Там используется очень тонкозернистый материал, который подвергается обжиганию в вращающейся печи. Этим избегают больших потерь высококачественного материала и крупных накоплений отходов на отвалах. Срок эксплоа, тации месторождения при таком методе существенно повышается. Автор обсуждает проблемы, возникающие при перенесении этого метода на особые условия месторождений известняков в ГДР.

Summary

In the processing plant of the Devonian limestone occurrence at Čebin near Brno, which was visited by the author, considerable losses of high-quality material and large stockpiles of waste gravel are prevented by using the undersize fired in the rotary kiln. This method essentially extends the life of the deposit. The author discusses problems connected with its transfer to the special conditions prevailing in the limestone deposits of the German Democratic Republic.

Ein Kernbrecher für Braunkohlenkerne[1)]

GEORG MAGALOWSKI, Berlin

(Mitteilung aus dem Zentralen Geologischen Institut, Berlin)

Bei der Braunkohlen-Hochtemperaturverkokung in der DDR sind außer den chemischen Kenngrößen des Rohstoffes Braunkohle auch die makroskopisch erkennbaren Lithotypen von Bedeutung, da sie ein unterschiedliches technologisches Verhalten aufweisen.

Durch bisher durchgeführte Untersuchungen ist bekannt, daß die Lithotypen des 2. Lausitzer Flözes (das in der DDR zur Zeit allein für die Braunkohlen-Hochtemperaturverkokung in Frage kommt) in verkokungsgünstige und verkokungsungünstige unterteilt werden können.

Die sichere Erkennung der Lithotypen ist im Tagebau am Kohlenstoß im bergfeuchten Zustand am frischen Bruch möglich, den man mit einer Keilhaue oder einer anderen geeigneten Hacke herstellt. Die texturellen Differenzierungen der Lithotypen sind hier am deutlichsten zu erkennen, die Bruchflächen sind unterschiedlich ausgebildet und für die einzelnen Lithotypen charakteristisch (MAGALOWSKI 1960, PREUSS 1960).

Wegen der großen Bedeutung der Lithotypen werden seit einigen Jahren auch Bohrkerne makropetrographisch untersucht, um bei der Erkundung von unverritzten Braunkohlenfeldern sowie im Tagebauvorfeld die zu erwartenden Kohlenqualitäten und ihren quantitativen Anteil im Flözprofil zu bestimmen (HERBST, MAGALOWSKI & TZSCHOPPE).

Ebenso wie am Kohlenstoß ist auch am Kern zur Erkennung der Lithotypen die Herstellung von Bruchflächen senkrecht zur Schichtung erforderlich. Beim Aufschlagen (wie es z. B. bei anderen Gesteinen möglich ist) zerbricht jedoch der Weichbraunkohlenkern im allgemeinen parallel zur Schichtung. (Bei der xylitischen Kohle sind die Grenzflächen Xylit—kohlige Grundmasse latente Schwächezonen, an denen der Kern in unregelmäßige Stücke zerfällt.) Um einen Bruch senkrecht zur Schichtung zu erhalten, wurde bisher der Kern von beiden Seiten mit einer kleinen Bügelsäge eingesägt (je nach Kerndurchmesser etwa 15 bis 25 mm von jeder Seite). In einen dieser Einschnitte wurde dann ein langes Messer eingeführt, auf das mit einigen Hammerschlägen ein kurzzeitiger Druck ausgeübt wurde, wodurch der Kern längs der durch die Einschnitte festgelegten Flächen zerbrach.

Das Einsägen des Kerns ist als manuelle Tätigkeit anstrengend, verbunden mit Schmutzentwicklung und zeitaufwendig. Das Aufsägen eines Kernes von 10 m Länge dauert entsprechend der Beschaffenheit der Kohle und der Geschicklichkeit der Kollegen ca. 30 bis 40 Minuten (Abb. 1). Da die Schnittflächen, die durch das Einsägen entstehen, keine texturellen Differenzierungen erkennen lassen, sind sie für die Bemusterung wertlos. Je nach Kerndurchmesser gehen hierbei etwa 25—40%

[1)] Eingang des Manuskripts in der Redaktion: 28. 8. 1962

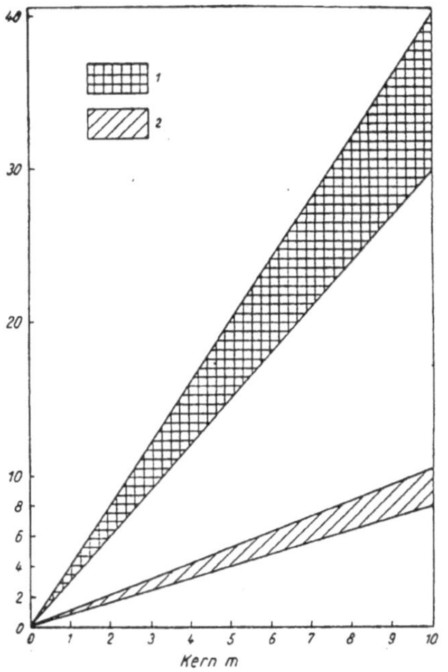

Abb. 1. Zeitbedarf zum Aufsägen bzw. Aufbrechen von 10 m Braunkohlenkern für die Bemusterung

1 — Zeitaufwand nach der alten Methode = Einsägen und Aufbrechen, 2 — Zeitaufwand nach der neuen Methode = Aufbrechen mit dem Kernbrecher

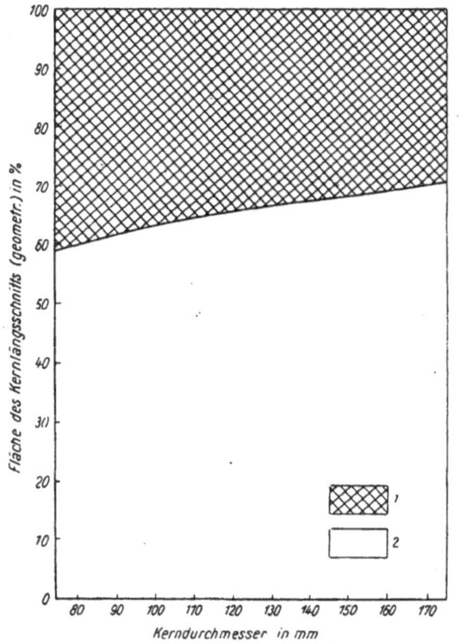

Abb. 2. Verlust an bemusterbarer Fläche beim Aufsägen

1 — Fläche des Kernlängsschnitts, die bei der Bemusterung nach der alten Methode durch Aufsägen verlorengeht; 2 — Fläche des Kernlängsschnitts, die nach der alten Methode bemustert werden kann (in Abhängigkeit vom Kerndurchmesser)

des Kernlängsschnittes für die Bemusterung verloren (s. Abb. 2 u. 3). Die Forderung nach einem größeren Kerndurchmesser ist jedoch ökonomisch nicht vertretbar, wenn die Probenmenge für die im jeweiligen Erkundungsstadium erforderlichen Untersuchungen ausreicht und diese Forderung nur zugunsten einer besseren Bemusterung gestellt wird (vgl. „Braunkohleninstruktion").

Um Kerne mit kleinerem Durchmesser für die Bemusterung maximal auszuwerten, hat Verfasser ein Gerät zum Aufbrechen von Weichbraunkohlenkernen[2]) entwickelt, das in der Werkstatt des Zentralen Geologischen Instituts, Berlin, gebaut wurde und sich seit drei Jahren gut bewährt hat (Abb. 4). Dieses als „Kernbrecher für Braunkohlenkerne" bezeichnete Gerät ermöglicht die Herstellung eines einwandfreien Bruchs senkrecht zur Schichtung. Das Einsägen des Kerns entfällt, und der gesamte Längsbruch kann bei jedem gebräuchlichen Durchmesser bemustert werden. (Es können also 100% des Kernlängsschnittes bemustert werden gegenüber nur 60—75% nach der alten Methode.)

Der Kernbrecher ist leicht zu handhaben, und das Aufbrechen des Kernes erfordert nur noch einen Teil der physischen Leistung, die man bei der alten Methode aufwenden mußte. Eine Schmutzentwicklung tritt kaum auf. Außerdem ist ein bedeutender Zeitgewinn zu verzeichnen; denn das Aufbrechen von 10 m Kern dauert nur noch 8 bis 10 Minuten (Abb. 1). Während für die alte Methode zwei Arbeitskräfte benötigt werden, ist der Kernbrecher von einem Kollegen zu bedienen.

Beschreibung des Kernbrechers für Braunkohlenkerne und seine Funktionsweise

Ein Parallelschraubstock wurde folgendermaßen umgebaut:

1. Verlängerung der Backen auf jeweils 300 mm,
2. Anbringen von zwei Schneiden aus Stahl (für Weichbraunkohle hat sich ein Keilwinkel von 60° als günstig erwiesen),
3. Anbringen einer verstellbaren Auflage für die Kerne (einstellbar für jeden gebräuchlichen Kerndurchmesser),
4. Anbringen eines Auffangbleches (zum Auffangen einzelner abbrechender Teilchen),
5. Anbringen eines Handrades (etwa 500 mm Durchmesser) anstelle des Knebels.

Da ein größeres Handrad als Schwungrad wirkt, erfordert die Bewegung der Schneiden nur wenige Handgriffe.

Bei genügendem Abstand der Schneiden voneinander wird der Kern auf die Auflage gelegt, deren Höhe dem Kerndurchmesser entsprechend eingestellt ist. Die Schneiden werden an den Kern herangebracht, und ein kurzer Ruck am Handrad läßt den Kern der Länge nach zerbrechen. (Nach einiger Übung ist die Auflage für den Kern meist nicht mehr erforderlich.)

Möglichkeit der Anwendung für anderes Kernmaterial

Der Kernbrecher ist für Weichbraunkohlenkerne gebaut worden. Es dürfte jedoch durchaus möglich sein,

Abb. 3. Braunkohlenkern (Foto: ZASTROW)

a — aufgesägt (seitlich zwei Schnittflächen, eine Bruchfläche in der Mitte), b — aufgebrochen (gesamter Kernlängsschnitt als Bruchfläche)

[2]) In mehreren Instituten und Arbeitsstellen existieren Geräte zum Zerbrechen von Festgesteinen, die jedoch nicht für Weichbraunkohlenkerne geeignet sind.

dieses Gerät auch für andere Sedimente zu verwenden, z. B. Kalke, Dolomite, Gipse, Salze u. ä. Allerdings ist unter Umständen für das jeweilige Kernmaterial die Ermittlung des geeigneten Keilwinkels der Schneiden erforderlich, da Backen mit zu spitzem Keilwinkel eine schneidende Wirkung haben und solche mit zu stumpfem Keilwinkel eine unregelmäßige Bruchfläche verursachen. Die Schneiden können dann am Kernbrecher auswechselbar angebracht werden.

Abb. 4. Kernbrecher für Braunkohlenkerne (Foto: Zastrow)

Zusammenfassung

Es wird ein Gerät zum Aufbrechen von Weichbraunkohlenkernen beschrieben, das bei beträchtlicher Verringerung des Arbeitsaufwandes eine Bemusterung des gesamten Kernlängsschnittes ermöglicht.

Резюме

Описывается прибор для дробления кернов мягких бурых углей, позволяющий опробование всего продольного сечения керна при значительном снижении затраты труда.

Summary

A device is described which breaks soft brown-coal cores and enables a sampling of the entire longitudinal section of the core with considerable reduction of the working effort.

Literatur

Herbst, G., G. Magalowski & E. Tzschoppe: Ergebnisse und Probleme bei der Untersuchung des Kohlenfeldes Bagenz, Niederlausitz. – Freiberger Forsch.-H., A 259, Berlin 1962.

Magalowski, G.: Feinstratigraphische Untersuchungen der Braunkohle des Tagebaues Spreetal in der östlichen Niederlausitz zur Deutung der Flözgenese unter Berücksichtigung der Sporomorphenführung. – Freiberger Forsch.-H., C 85, 1960.

Preuss, G.: Zur Feld-Ansprache von Braunkohlenarten im Raume Lauchhammer (Niederlausitz). – Freiberger Forsch.-H., A 160, 1960.

Instruktion zur Anwendung der „Klassifikation der Lagerstättenvorräte fester mineralischer Rohstoffe" auf Braunkohlen-Lagerstätten der Deutschen Demokratischen Republik. – Z. angew. Geol., 6, S. 222 bis 226 (1960).

Zu Fragen geologischer Terminologie und Klassifikation (II)[1] Der Begriff Fazies (2. Teil)

(Mitteilung aus dem Zentralen Geologischen Institut, Berlin)

Dietrich Franke, Berlin

Einleitung

Ausgehend vom ursprünglichen Inhalt des Begriffs „Fazies" in A. Gresslys 1838 erschienenen „Observations géologiques sur le Jura Soleurois" wurden im Teil 1 dieser Arbeit (vgl. Heft 1/1963 der Z. angew. Geol.) der in der geologischen Literatur Mittel- und Westeuropas schon um die Jahrhundertwende eingetretene Bedeutungswandel dieses Ausdrucks sowie seine noch heute bestehenden zahlreichen unterschiedlichen Anwendungsformen aufgezeigt und einander gegenübergestellt. Im folgenden Teil 2 sollen diese terminologischen Untersuchungen auf die nordamerikanische geologische Literatur ausgedehnt werden.

Der Begriff „Fazies" in der geologischen Literatur Nordamerikas

Erst etwa hundert Jahre nach Erscheinen von A. Gresslys „Observations géologiques sur le Jura Soleurois" fand der Faziesbegriff auch in den USA Eingang in die geologische Literatur. Zuvor war dieser Ausdruck, der in Europa bereits vor Ende des vergangenen Jahrhunderts einen festen Bestandteil der geologischen Terminologie verkörperte, den nordamerikanischen Geologen meist noch so gut wie unbekannt. Abgesehen von H. S. Williams' „Geological Biology" (New York 1895) ist er selbst in Lehrbüchern nicht zu finden, weder in J. D. Danas „Manual of Geology" (New York und Chikago 1880), noch in T. C. Chamberlins & R. D. Salisburys „Geology" (New York 1904) oder L. V. Pirssons & C. Schucherts „Textbook of Geology" (New York 1915). Erst nachdem ihn A. W. Grabau (1920) in seinem einflußreichen „Textbook of Geology" verwandte, bürgerte er sich auch in den USA allmählich ein.

Anfang der dreißiger Jahre waren es besonders C. L. & M. A. Fenton (1930), P. B. Stockdale (1931) und E. M. Kindle (1934), die auf den Faziesbegriff und seine Bedeutung für die Stratigraphie aufmerksam machten. Auch K. E. Casters 1934 erschienene Abhandlung über „The stratigraphy and paleontology of Northwestern Pennsylvania" muß erwähnt werden. Weitere wichtige Arbeiten über Faziesprobleme stammen von E. D.

[1]) Eingang des Manuskripts in der Redaktion: 30. 8. 1962

McKEE (1938), R. M. KLEINPELL (1938), C. SCHUCHERT & C. O. DUNBAR (1941), R. C. MOORE (1941), M. KAY (1945), B. N. & G. A. COOPER (1946), E. C. DAPPLES, W. C. KRUMBEIN & L. L. SLOSS (1948), F. J. PETTIJOHN (1949) u. a. Oft bezieht sich der Ausdruck „Fazies" auf die Umweltbedingungen zur Zeit der Sedimentbildung — man spricht von „tropical", „temperate" und „boreal facies", von „littoral", „neritic", „bathyal" und „abyssal", von „shore" sowie „offshore facies" usw. —, mehr noch wird der gleiche Begriff aber zur Kennzeichnung der petrographischen, paläontologischen, tektonischen u. a. Besonderheiten einer Ablagerung oder sogar für den gesamten, meist lithologisch bzw. lithogenetisch einheitlichen Ablagerungskomplex selbst verwandt.

In den USA ist der Inhalt des Ausdrucks „Fazies" also ebenfalls mehrdeutig. Den ersten Versuch, diesen Mißstand zu beseitigen, unternahm R. C. MOORE auf der im Jahre 1948 in New York unter dem Thema „Sedimentary facies in geologic history" stattgefundenen Tagung der „Geological Society of America". In seinem Vortrag über „Die Bedeutung der Fazies" kam er, nachdem die unterschiedlichen Anwendungsformen kritisch beleuchtet wurden, zu dem Schluß, daß es zweckmäßig sei, zwischen verschiedenen Faziesbegriffen zu unterscheiden. Als ersten nannte er die „sedimentary facies", die er als „irgendeinen gebietsmäßig abgegrenzten Teil einer bestimmten stratigraphischen Einheit, der Merkmale aufweist, die von denen anderer Teile dieser Einheit stark abweichen", definierte. Seine zweite Fazies bezieht sich dagegen speziell auf die zur Zeit der Sedimentation herrschenden Umweltbedingungen; die Gesteine werden, ohne an eine bestimmte stratigraphische Einheit gebunden zu sein, in paragenetisch zusammengehörige Komplexe („redbed facies", „riff-facies" usw.) eingeteilt — diese Fazies können überall und zu jeder Zeit auftreten. Um nun Verwechslungen zwischen beiden Begriffen zu vermeiden, schlug er für letzteren den Ausdruck „lithofacies" vor: „Die Lithofazies weist auf die gesamten Merkmale eines Sedimentgesteins, die Zeugnis von den Ablagerungsbedingungen ablegen, hin."

In einem ebenfalls auf dieser Tagung gehaltenen Vortrag bezeichnete E. D. McKEE demgegenüber „each distinct type of lithology" — für den R. C. MOORE (1949) den Ausdruck „physiofacies" prägte — als „lithologic facies". „Terms connoting the environment of deposition", wie z. B. „aeolien facies" oder „brackish-water facies", lehnte er als zu „gefährlich" ab, da sie doch „die Kenntnis der Entstehungsweise jeder Fazies voraussetzt". E. D. McKEEs Fazies dient, ähnlich wie bei K. E. CASTER (1934), P. B. STOCKDALE (1939) u. a., lediglich zur „lateralen Untergliederung einer Formation", d. h. zur simplen Abgrenzung verschiedener Gesteinstypen.

Welch beträchtlichen Umfang die amerikanische Faziesliteratur besonders im letzten Jahrzehnt annahm und wie divergent sich dabei der Begriffsinhalt selbst entwickelte, lassen recht deutlich zwei im Jahre 1958 erschienene wichtige Arbeiten, die sich eingehender mit den entstandenen terminologischen Diskrepanzen auseinandersetzen, erkennen. Unter dem Titel „Stratigraphic facies differentiation and nomenclature" veröffentlichte J. M. WELLER (1958) eine umfassende Analyse der verschiedenen Anwendungsformen des Ausdrucks „Fazies" in der nordamerikanischen Literatur. Auf der Grundlage dieser Untersuchungen wird eine Gliederung in drei „Faziestypen" vorgeschlagen. Typ 1 ist die „petrographic facies", für die das äußere Erscheinungsbild oder die lithologische Zusammensetzung maßgebend ist. Typ 2 richtet sich nach der Form des Vorkommens, der Art der Grenzen sowie den gegenseitigen Wechselbeziehungen und wird „stratigraphic facies" genannt. Bei der Ausscheidung von Typ 3, der „environmental facies", sind schließlich die aus den Gesteinsmerkmalen gefolgerten paläogeographischen Verhältnisse das Primäre. Typ 1 und 2 sind also „sediments, rocks, or stratigraphic bodies", die „environmental facies" dagegen etwas Abstraktes — „they are not material". Sowohl die „petrographic" als auch die „stratigraphic facies" wurden noch in einzelne „Klassen" aufgeteilt. Typ 1 enthält die Klassen A — Fazies mit lediglich allgemeinen Merkmalen in der Zusammensetzung bzw. im Aussehen („redbed facies", „geosynklinal facies" usw.) — und B — Fazies ganz bestimmter lithologischer Beschaffenheit („black shale facies", „greywacke facies" usw.) —, Typ 2 die Klassen C — vertikal aufeinanderfolgende, in der Regel horizontal begrenzte Fazies —, D — lateral nebeneinander vorkommende Fazies mit mehr oder weniger vertikalen Grenzen — und E — sowohl vertikal als auch horizontal wechselnde, unregelmäßig begrenzte Fazies.

Stark abweichend von den WELLERschen Vorstellungen sind diejenigen, die C. TEICHERT (1958) in seinem Artikel „Concepts of facies" entwickelte. Er versteht unter Fazies die „Summe aller primären Merkmale eines Sedimentgesteins, aus denen die Umweltverhältnisse zur Zeit der Ablagerung gefolgert werden können". Fazies ist „not a particular kind of a rock, but something a rock has", C. TEICHERTs Fazies ist also ein Abstraktum. „Fazies sollte als ein in bezug auf die primären lithologischen und (oder) paläontologischen Merkmale eines Sedimentgesteins genau beschreibender Ausdruck verwendet werden. Interpretation der Umwelt ist das Endziel der Faziesstudien, die Fazies ist jedoch nicht mit der Umwelt selbst gleichzusetzen. Sie erzeugt nur die Fazies."

Wie verschieden C. TEICHERTs Fazies von der J. M. WELLERs und dessen wiederum von der E. D. McKEEs oder R. C. MOOREs ist, liegt klar auf der Hand. Die Zahl der Arbeiten, die Faziesprobleme und speziell die Faziesnomenklatur und -klassifikation behandeln, ist jedoch viel zu groß, um an dieser Stelle einzeln referiert werden zu können (vgl. dazu vor allem L. L. SLOSS, W. C. KRUMBEIN & E. C. DAPPLES 1949, W. C. KRUMBEIN & L. L. SLOSS 1951, P. E. CLOUD 1952, H. D. HEDBERG 1954, R. W. FAIRBRIDGE 1954, H. E. WHEELER & V. S. MALLORY 1954, 1956, J. IMBRIE 1955, D. W. FISHER 1956, R. C. MOORE 1957, C. O. DUNBAR & J. RODGERS 1957 u. a.). Aus dem gleichen Grund ist es auch nicht möglich, in der folgenden Aufstellung der wichtigsten und gebräuchlichsten Termini sämtliche Varianten in der Auslegung des Faziesbegriffs zu berücksichtigen:

f a c i e s — Der Ausdruck Fazies wurde in der nordamerikanischen Literatur wahrscheinlich erstmals — wie schon eingangs erwähnt — von H. S. WILLIAMS (1895) gebraucht. Er verstand darunter „die besondere Zusammensetzung oder den Zustand einer Formation an einem bestimmten Ort". A. W. GRABAU (1920, 1931) gab, obgleich er den Faziesbegriff in den USA erst richtig populär machte, keine exakte Definition. Auch C. L. & M. A. FENTON (1930) wichen in ihrer Diskussion der GRESSLYschen Arbeit einer genaueren Formulierung aus. P. B. STOCKDALE (1939) meinte, „Fazies seien lediglich die etwa zur gleichen Zeit erfolgten lateralen lithologischen Veränderungen". Als „type of environmental facies" verwandte, ähnlich wie R. M. KLEINPELL (1938), H. S. LADD, J. W. HEDGPETH & R. POST (1957) u. a. auch S. W. LOWMAN (1949) diesen Begriff. „Fazies" ist hier der auf die Umweltbedingungen zur Zeit der Sedimentation hinweisende „aspect" eines Gesteins — es wird die „continental facies" von der „inner neritic", der „mid neritic" sowie der „outer neritic facies" und diese wiederum von der „bathyal facies" unterschieden. Einen abermals anderen Inhalt besitzt der gleiche Begriff bei M. KAY (1945), B. N. & G. A. COOPER (1946) und F. J. PETTIJOHN (1949). R. C. MOORE (1949), dessen Vorstellungen weiter oben schon kurz skizziert wurden, wollte den Terminus Fazies ursprünglich auf seine „sedimentary facies" beschränkt wissen, ließ aber in einer späteren Arbeit (R. C. MOORE 1957) — was für das Hin und Her in der Terminologie bezeichnend ist — diese Zweiteilung in „sedimentary facies" (= „facies" i. e. S.) und „lithologic facies" wieder fallen und bezeichnete beide Typen generell als „facies".

Ausgehend von der MOOREschen Definition entwickelte sich die „Fazies" mehr und mehr zu „laterally equivalent and mappable parts of some kind of a stratigraphic unit", d. h. zu konkreten Gesteinseinheiten, über deren horizontale wie laterale Abgrenzung man sich allerdings bis heute noch nicht einig werden konnte (vgl. L. L. SLOSS, W. C. KRUMBEIN & E. C. DAPPLES 1949, W. C. KRUMBEIN & L. L. SLOSS 1951, H. E. WHEELER & V. S. MALLORY 1956 u. a.).

Bei C. O. DUNBAR & J. RODGERS (1957) macht sich demgegenüber — wie schon bei S. W. LOWMAN (1949) u. a. — der Einfluß der europäischen Literatur stärker bemerkbar: „Fazies bedeutet das allgemeine, die Umweltbedingungen, unter denen die Gesteine gebildet wurden, widerspiegelnde Antlitz der Gesteine."

Nicht zu vertreten — vom Standpunkt der Mehrzahl der europäischen Geologen aus gesehen — sind J. M. WELLERs (1958) „recommendations". Er empfahl, das Wort Fazies „ausschließlich für konkrete Sedimente oder Gesteine und nicht für deren Erscheinungsbild, Zusammensetzung oder Entstehungsort zu gebrauchen, obgleich Erscheinungsbild, Zusammensetzung oder Entstehungsort die Festlegung der Fazies bestimmen können". J. M. WELLER beschrieb drei Anwendungsarten. Erstens kann der Ausdruck Fazies „ein Überbegriff für alle speziellen Faziestypen oder -arten sein", zweitens kann er für ganz bestimmte Gesteinskörper, ohne Rücksicht auf deren Form, ihre Beziehungen untereinander oder die geographische und stratigraphische Position („redbed facies", „limestone facies" usw.) und drittens für gebietsmäßig umgrenzte, kartierbare und mit einem geographischen Namen belegte Abschnitte einer „formation" verwandt werden.

Eine u. E. bessere Definition gab C. TEICHERT (1958), obgleich auch sie von der ursprünglichen GRESSLYschen in wesentlichen Punkten abweicht. Wichtig ist jedoch seine Feststellung, daß „Fazies" nicht eine konkrete Gesteinsschicht, sondern etwas Abstraktes ist. Lediglich mit dem, was er abstrahierte (nämlich die petrographischen, paläontologischen u. a. Merkmale), kann man sich nicht einverstanden erklären. Was hat denn die Erkenntnis, daß ein Sandstein zur „sandigen Fazies" gehört bzw. — etymologisch richtiger — eine „sandige Fazies" besitzt, für einen praktischen Wert? Ist es nicht besser, hier ganz unverbindliche und dazu noch allgemeinverständliche Worte wie „character", „type", „feature" u. dgl. zu gebrauchen? Erst das eingehende Studium dieser (petrographischen, paläontologischen u. a.) Merkmale, Typen, Ausbildungen des Gesteins ermöglicht doch eine sinnvolle, in diesem Falle auf die geographischen Verhältnisse zur Zeit der Sedimentation hinzielende Abstraktion. Nur derartige, aus einer Vielzahl konkreter Erscheinungen gewonnene Abstrakta können Anspruch auf einen speziellen Begriff erheben! Wenn C. TEICHERT behauptet, daß diese „interpretations may be subject to change", d. h., daß die „kontinentale Fazies" des Geologen A vom Geologen B als „lagunäre Fazies" angesprochen werden könnte oder — mit anderen Worten — die Festlegung einer solchen „Fazies" zum Teil (wie, dem heutigen Kenntnisstand entsprechend, notgedrungen leider noch so oft in geologischen Fragen!) subjektiven Faktoren unterworfen sei, so mag das bis zu einem gewissen Grad seine Berechtigung haben. Wenn er aber aus diesem Grunde Ausdrücke wie „marine facies", „littoral facies", „continental facies" usw. vollkommen ablehnt, so stellt er — womit er sich allerdings selbst widerspricht — Sinn und Zweck paläogeographischer Untersuchungen überhaupt in Frage.

lithofacies — Die erste Definition dieses Ausdrucks stammt wohl von W. C. KRUMBEIN (1948): „Die Summe sämtlicher lithologischer Merkmale eines Sedimentgesteins ist seine Lithofazies." Was R. C. MOORE (1949) unter dem gleichen Begriff verstand, wurde weiter oben schon erläutert. Seine Lithofazies umfaßt sowohl die paläontologischen als auch die petrographischen Merkmale, da „das Stammwort ‚Litho', angewandt auf Sedimentgesteine, notgedrungen ... die organischen Bestandteile eines derartigen Gesteins zusammen mit den anorganischen umfaßt". L. L. SLOSS, W. C. KRUMBEIN & E. C. DAPPLES (1949) gaben diesem Terminus — obgleich sie sich auf R. C. MOORE berufen — wiederum einen anderen Inhalt. Lithofazies sind bei ihnen „Schichtgruppen, die sich in lithologischer Hinsicht nachweislich von lateral äquivalenten Gesteinen unterscheiden". „The expressions of variation in lithologic aspect are lithofacies" bei W. C. KRUMBEIN & L. L. SLOSS (1951). Oft wird derselbe Ausdruck lediglich zur Kennzeichnung einer bestimmten Gesteinsart bzw. als der „lithologic aspect" eines Gesteins verwandt (M. KAY 1945, 1947, H. D. HEDBERG 1954, C. LOCHMANN 1956, N. D. NEWELL 1957, T. E. MULLENS & V. L. FREEMAN 1957, C. O. DUNBAR & J. RODGERS 1957 u. a.). D. B. MCLAUGHLIN & R. C. GERHARD (1953) setzten „lithofacies", ähnlich wie später auch D. W. GREENMAN (1955), mit „formation" gleich. Am verbreitetsten scheint aber die Anwendung dieses Begriffes zur Kennzeichnung von lateral gegeneinander abgegrenzten Abteilungen irgendeiner — gleich ob „chrono-", „bio-" oder „lithostratigraphischen" — Gesteinseinheit zu sein (vgl. F. M. SWAIN 1956, J. M. FORGOTSEN 1957, B. KUMMEL 1957, J. M. WELLER 1958 u. a.). „Eine Lithofazies ist eine laterale Abteilung einer stratigraphischen Einheit, die sich von anderen benachbarten Abteilungen dieser Einheit durch ihre lithologischen Merkmale unterscheidet" (J. M. WELLER 1958).

biofacies — Auch dieser Ausdruck wird in der amerikanischen Literatur recht unterschiedlich definiert. S. W. LOWMAN (1949) nannte „fossil zones", R. C. MOORE (1949) „die gesamten biologischen Merkmale einer sedimentären Ablagerung", W. C. KRUMBEIN & L. L. SLOSS (1951) „the expression of variation in biologic aspect" eine Biofazies. H. D. HEDBERG (1954) bezeichnete sie als „the manifestation of biologic character", J. IMBRIE (1955) als den „gesamten erkennbaren organischen Inhalt eines bestimmten Teils einer stratigraphischen Einheit", G. A. COOPER (1957) als „durch die Fauna charakterisierte Sedimente" und N. D. NEWELL (1957) als eine „bestimmte Fossilassoziation". Bei C. LOCHMAN (1956) ist die Biofazies das „biologic environment", bei J. M. WELLER (1958) „eine laterale Abteilung einer stratigraphischen Einheit, die sich von anderen benachbarten Abteilungen dieser Einheit durch ihre biologischen Merkmale unterscheidet". C. TEICHERT (1958) machte auf die Unterschiede zwischen der „stratigraphic biofacies" und derjenigen in der Ökologie — dort weist dieser Begriff nicht auf den organischen Inhalt einer Ablagerung u. dgl., sondern auf für bestimmte Tiergruppen charakteristische Lebensräume hin — aufmerksam. Er schlug deshalb, um Verwechslungen zu vermeiden, vor, in der Geologie zukünftig nur noch von „paläontologischer Fazies" zu sprechen.

physiofacies — Die Physiofazies ist nach R. C. MOORE (1949) das „anorganische Äquivalent" der Biofazies, d. h. „die gesamten anorganischen Merkmale eines Sedimentgesteins". Biofazies und Physiofazies zusammengenommen bilden R. C. MOOREs Lithofazies. Einige Geologen (z. B. C. TEICHERT 1958) halten diesen Begriff für nützlich, andere dagegen (J. M. WELLER 1958 u. a.) für überflüssig und irreführend, da er mit der Lithofazies anderer Autoren (M. KAY 1945 u. a.) identisch ist. R. C. MOORE (1957) vertritt neuerdings selbst die Ansicht, daß „the concept of physiofacies . . . may well be forgotten".

tectofacies — Dieser Begriff wurde von L. L. SLOSS, W. C. KRUMBEIN & E. C. DAPPLES (1949) in die amerikanische Literatur eingeführt. Sie definierten ihn als „eine Gruppe von Schichten, die gegenüber den lateral äquivalenten Schichten unterschiedliche tektonische Merkmale aufweisen". Ganz ähnlich verstehen darunter W. C. KRUMBEIN & L. L. SLOSS (1951) die „lateral veränderlichen tektonischen Merkmale einer stratigraphischen Einheit". Als eine „tektonisch interpretierte" Lithofazies wurde er von J. M. WELLER (1958) bezeichnet. C. TEICHERT (1958) lehnte den Ausdruck „tectofacies" ab. Auch R. C. MOORE (1957) meinte, daß „dieser Begriff . . . einen zweifelhaften Wert besitzt, . . . because lithofacies units can be readily classified as to their inferred tectonic significance . . .".

magnafacies und parvafacies — Geprägt wurden diese Termini von K. E. CASTER (1934). Die Magnafazies stellt ein durch „facies planes" begrenztes „complete lithic member" dar, die Parvafazies dagegen nur den auf ein bestimmtes stratigraphisches Niveau beschränkten Teil der Magnafazies. Eine stratigraphische Einheit setzt sich also nach K. E. CASTER aus lateral veränderlichen, gleichaltrigen Parvafazies unterschiedlicher petrographischer Beschaffenheit, eine Magnafazies aber aus zu verschiedenen Zeiten abgelagerten, petrographisch jedoch gleichen Parvafazies zusammen. Da sich die „magnafacies" mit den „lithostratigraphic units", d. h. den „groups", „formations" sowie „members" (vgl. auch D. FRANKE 1962) und die „parvafacies" mit der „lithofacies" zahlreicher anderer Autoren überschneiden bzw. direkt identisch sind, werden diese Ausdrücke, zumal sie ohnehin nur zu einer Komplizierung der Terminologie führen, im allgemeinen abgelehnt.

megafacies — Von einigen Autoren (P. B. KING 1949 u. a.) wurde das Wort „magnafacies" aus unverständlichen Gründen durch „megafacies" ersetzt. Der Inhalt beider Begriffe ist mehr oder weniger der gleiche.

microfacies — Der Terminus „microfacies" wurde erstmals von J. S. BROWN (vgl. F. C. CALKINS 1943) — nicht von J. CUVILLIER & V. SACAL (1951), wie das J. M. WELLER (1958) und C. TEICHERT (1958) annehmen — verwandt. Mit „Mikrofazies" bezeichnet man meist diejenigen Merkmale eines Gesteins, denen bei uns im allgemeinen der Hinweis „u. d. M." vorangestellt ist. R. W. FAIRBRIDGE (1954) erweiterte diesen Ausdruck, ohne jedoch eine nähere Definition zu geben, zur „micro-lithofacies" und „micro-biofacies".

intrafacies — P. E. CLOUD & V. E. BARNES (1957) gebrauchten diesen Begriff, „um eine untergeordnete Faziesentwicklung innerhalb einer von dieser abweichenden größeren Faziesentwicklung zu kennzeichnen". J. M. WELLER (1958) bezeichnete ihn als überflüssig und lehnte ihn deshalb, ebenso wie wohl zahlreiche andere Geologen auch, ab.

metamorphic facies und mineralfacies — M. P. BILLINGS (1942), B. MASON (1952), H. WILLIAMS, F. J. TURNER & C. M. GILBERT (1954) u. a. sprachen von „metamorphic facies" und „mineralfacies" im Sinne P. ESKOLAs (vgl. D. FRANKE 1963).

geochemical facies oder elemental facies — J. A. S. ADAMS & C. E. WEAVER (1958) kennzeichneten damit das Thorium/Uranium-Verhältnis eines Sedimentgesteins.

facies tract, facies family und facies suite — Diese Begriffe wurden von C. TEICHERT (1958) eingeführt. Sie sollen D. W. NALIWKINs (1956) „serwija", „nimija" und „formatsija" (vgl. Teil 3 dieser Arbeit) entsprechen.

Begriffe wie „monothem", „bioherm", „lithosome", „biosome" und „tectosome", „lithotope", „biotope", „physiotope" und „tectotope" sowie „lithostrome" und „biostrome" sollen, obwohl sie in gewissem Sinne ebenfalls Bestandteil der amerikanischen „facies nomenclature" sind, nicht näher diskutiert werden, da sie bei uns nur selten gebraucht und auch von den amerikanischen Geologen zum Teil abgelehnt werden. Außerdem dürften schon die hier angeführten, unmittelbar mit dem Ausdruck „facies" in Verbindung stehenden Beispiele das Durcheinander in der Terminologie deutlich genug veranschaulichen. Trotz der zahlreichen

Arbeiten, die in den letzten Jahren zu den Problemen der Faziesnomenklatur Stellung nahmen, konnte über die einheitliche Anwendung dieses Begriffes aber auch in den USA bis heute noch keine Einigung erzielt werden. „. . . little uniformity of opinion has resulted and much confusion and disagreement concerning them persist" (J. M. WELLER 1960).

Zusammenfassung

Obgleich der Faziesbegriff erst in den dreißiger Jahren unseres Jahrhunderts Eingang in die nordamerikanische Literatur fand, hat er sich heute auch dort schon zu einem der indifferentesten geologischen Termini entwickelt. Am häufigsten scheint er zur Kennzeichnung von in ihren petrographischen, paläontologischen und anderen Merkmalen lateral wechselnden Gesteinskomplexen gebraucht zu werden, in zahlreichen Fällen findet der gleiche Ausdruck aber auch eine völlig andere Anwendung. Die auf Grund dieses Mißstandes unternommenen Versuche zur Konkretisierung des Begriffsinhalts blieben bislang ohne nennenswerten Erfolg.

Im abschließenden Teil 3 der Arbeit (Heft 3/1963 der Z. angew. Geol.) wird die sowjetische Faziesliteratur besprochen sowie ein Vorschlag über die zukünftige Anwendung dieses Terminus unterbreitet.

Резюме

Несмотря на то, что понятие „фация" лишь в тридцатых годах вошло в северо-американскую геологическую литературу, оно и там развилось до сих пор в одно из самых неопределенных геологических понятий. Кажется, что оно употребляется чаще всего для характеристики комплексов горных пород, латерально изменяющих свои петрографические и палеонтологические признаки, но во многих случаях этот термин находит совершенно другое применение. Попытки конкретизации содержания этого термина, предпринятые из-за этого недостатка, до сих пор не увенчались достойным упоминания успехом.

В заключительной третьей части работы (опубликование которой предусмотрено в третьем номере 1963 г. Журнала прикладной геологии) обсуждается советская литература о фациях и представляется вниманию читателей предложение о будущем употреблении этого термина.

Summary

Although the concept „facies" was adopted by the North American literature only in the thirties of our century, it has already developed also there today into one of the most indifferent geological terms. It seems as though it is most frequently used to characterize rock complexes laterally varying in their petrographical, palaeontological and other features. In numerous cases, however, the same term is used quite differently. Attempts based on this inconvenience to make the content of the term concrete have remained so far without major success.

In the concluding Part 3 of the paper (No. 3/1963 of the Z. angew. Geol.) Soviet literature on facies will be discussed. Moreover, a proposal will be submitted for the future application of this term.

Literatur

BILLINGS, M. P.: Structural Geology. – New York 1942.

CALKINS, F. C.: Microfacies. – Econ. Geol., 38 (1943).

CASTER, K. E.: The stratigraphy and paleontology of Northwestern Pennsylvania, part I: Stratigraphy. –, Bull. Amer. Paleontology, 21, 71 (1934).

– Facies nomenclature and the Upper Devonian. – Proc. Geol. Soc. America for 1933, New York 1934.

CHAMBERLIN, T. C. & R. D. SALISBURY: Geology. – Part I and II, New York 1904 and 1906.

CLOUD, P. E.: Facies relationships of organic reefs. – Bull. Amer. Assoc. Petrol. Geol., 36, Tulsa, Oklah., 1952.

CLOUD, P.E. & V. E. BARNES: Early Ordovician seas in Central Texas. – Geol. Soc. America Mem., 67 (1957).

COOPER, G. A.: Paleoecology of Middle Devonian of Eastern and Central United States. – Geol. Soc. America Mem., 67 (1957).

COOPER, G. A. & B. N. COOPER: Lower Middle Ordovician stratigraphy of the Shenandoah Valley, Virginia. – Bull. Geol. Soc. America, 57 (1946).

CUVILLIER, J. & V. SACAL: Corrélations stratigraphiques par microfaciès en Aquitaine occidentale. – Leiden 1951.

DANA, J. D.: Manual of Geology. – New York–Chicago 1880.

DAPPLES, E. C., W. C. KRUMBEIN & L. L. SLOSS: Tectonic control of lithologic associations. – Bull. Amer. Assoc. Petrol. Geol., 32, Tulsa, Oklah., 1948.

DUNBAR, C. O. & J. RODGERS: Principles of Stratigraphy. – New York 1957.

ESKOLA, P.: The mineralfacies of rocks. – Norsk. Geol. Tidskr., 6 (1921).

FAIRBRIDGE, R. W.: Stratigraphic correlation by micro-facies. – Amer. Journ. Sci., 252 (1954).

FENTON, C. L. & M. A. FENTON: Ecologic interpretation of some biostratigraphic terms. – Amer. Midland Naturalist, 12 (1930).

FISHER, D. W.: Intricacy of applied stratigraphic nomenclature. – Journ. Geol., 64 (1956).

FORGOTSEN, J. M.: Nature, usage, and definition of marker-defined vertically segregated rock units. – Bull. Amer. Assoc. Petrol. Geol., 41, Tulsa, Oklah., 1957.

FRANKE, D.: Zu Fragen geologischer Terminologie und Klassifikation (I) – Der Begriff Formation. – Z. angew. Geol., 8, 4, Berlin 1962.

– Zu Fragen geologischer Terminologie und Klassifikation (II) – Der Begriff Fazies (1. Teil). – Z. angew. Geol., 9, 1, Berlin 1963.

GRABAU, A. W.: A text-book of Geology, part I: General Geology. – New York 1920.

– Principles of Stratigraphy. – 3. edit., New York 1931.

GREENMAN, D. W.: Ground water resources of Bucks County, Pennsylvania. – Pennsylvania Top. Geol. Survey Bull., W II (1955).

GRESSLY, A.: Observations géologiques sur le Jura Soleurois. – N. Denkschr. allg. schweiz. Ges. ges. Naturwiss., Bd. II, Neuchâtel 1838.

HEALD, M. T., C. D. HOLMES & G. T. WICKWIRE: Geologic terms and the elementary student – a plea for consistency. – Bull. Geol. Soc. America, 73, 5 (1962).

HEDBERG, H. D.: Procedure and terminology in stratigraphic classification. – 19. Int. Geol. Congr., C. R., 13 (1954).

IMBRIE, J.: Biofacies analysis. – Geol. Soc. America Spec. Paper, 62 (1955).

KAY, M.: Paleogeographic and palinspastic maps. – Bull. Amer. Assoc. Petrol. Geol., 29, Tulsa, Oklah., 1945.

– Analysis of stratigraphy. – Bull. Amer. Assoc. Petrol. Geol., 31, Tulsa, Oklah., 1947.

KINDLE, E. M.: Role of facies in stratigraphic paleontology. – Proc. Geol. Soc. America for 1933, New York 1934.

KING, P. B.: Discussion in sedimentary facies in geologic history. – Geol, Soc. America Mem., 39 (1949).

KLEINPELL, R. M.: Miocene stratigraphy of California. – Bull. Amer. Assoc. Petr. Geol., Tulsa, Oklah., 1938.

KRUMBEIN, W. C.: Lithofacies maps and regional sedimentary-stratigraphic analysis. – Bull. Amer. Assoc. Petrol. Geol., 32, Tulsa, Oklah., 1948.

KRUMBEIN, W. C. & L. L. SLOSS: Stratigraphy and Sedimentation. – San Francisco 1951.

KUMMEL, B.: Paleoecology of Lower Triassic formations of Southeastern Idaho and adjacent areas. – Geol. Soc. America Mem., 67 (1957).

LADD, H. S., J. W. HEDGPETH & R. POST: Environments and facies of existing bays on the Central Texas Coast. – Geol. Soc. America Mem. 67 (1957).

LOCHMAN, C.: Stratigraphy, paleontology, and paleogeography of the *Elliptocephala asaphoides* strata in the Cambridge and Hoosich Quadrangles, New York. – Bull. Geol. Soc. America, 67 (1956).

LOWMAN, S. W.: Sedimentary facies in Gulf Coast. – Bull. Amer. Assoc. Petrol. Geol., 33, Tulsa, Oklah., 1949.

MARKEWITSCH, W. P.: Ponjatije „fazija". – Isdatelstwo Akademii Nauk SSSR, Moskwa 1957.

MASON, B.: Principles of Geochemistry. – New York 1952.

MCKEE, E. D.: The environment and history of the Toroweap and Kaibab formations of Northern Arizona and Southern Utah. – Carnegie Inst. Washington, 492 (1946).

– Facies changes in the Colorado Plateau. – Geol. Soc. America Mem., 39 (1949).

MCLAUGHLIN, D. B. & R. C. GERHARD: Stratigraphy and origin of Triassic fluviatile sediments, Lebanon and Lancaster Counties. – Proc. Pennsylvania Acad. Sci., 27 (1953).

MOORE, R. C.: Stratigraphy. – Bull. Geol. Soc. America, 50 (1941).

– Meaning of facies. – Geol. Soc. America Mem., 39 (1949).

– Les faciès sédimentaires. – Inst. Géol. Univ. Louvain Mém., 18 (1953).

– Modern methods of paleoecology. – Bull. Amer. Assoc. Petrol. Geol., 41, Tulsa, Oklah., 1957.

MULLENS, T. E. & V. L. FREEMAN: Lithofacies of the Salt Wash Member of the Morrison Formation, Colorado Plateau. – Bull. Geol. Soc. America, 68 (1957).

NALIWKIN, D. W.: Utschenije o fazijach. – Isd. 3-je, I–II, Isdatelstwo Akademii Nauk SSSR, Moskwa – Leningrad 1956.

NEWELL, N. D.: Paleoecology of Permian reefs in the Guadalupe Mountains Area. – Geol. Soc. America Mem., 67 (1957).

PETTIJOHN, F. J.: Sedimentary rocks. – New York 1949.

PIRSSON, L. V. & C. SCHUCHERT: A text-book of Geology. – New York 1915.

SCHUCHERT, C. & C. O. DUNBAR: A textbook of Geology, part II; Historical Geology. – New York 1941.
SLOSS, L. L., W. C. KRUMBEIN & E. C. DAPPLES: Integrated facies analysis. – Geol. Soc. America Mem., 39 (1949).
STOCKDALE, P. B.: The Borden (Knobstone) Rocks of Southern Indiana. – Dept. Conservation Indiana Pub., 98 (1931).
– Lower Mississippian rocks of the East-Central Interior (United States). – Geol. Soc. America Spec. Papers, 22 (1939).
SWAIN, F. M.: Stratigraphy of lake deposits in Central and Northern Minnesota. – Bull. Amer. Assoc. Petrol. Geol., 40, Tulsa, Oklah., 1956.
TEICHERT, C.: Concepts of facies. – Bull. Amer. Assoc. Petrol. Geol., 42, Tulsa, Oklah., 1958.
UPSHAW, C. F. & F. G. STEHLI: Quantitative biofacies mapping. – Bull. Amer. Assoc. Petrol. Geol., 46, Tulsa, Oklah., 1962.
WELLER, J. M.: Stratigraphic facies differentiation and nomenclature. – Bull. Amer. Assoc. Petrol. Geol., 42, Tulsa, Oklah., 1958.
– Stratigraphic principles and practice. – New York 1960.
WHEELER, H. E. & V. S. MALLORY: Analysis and classification of stratigraphic units. – Bull. Geol. Soc. America, 65 (1954).
– Factors in lithostratigraphy. – Bull. Amer. Assoc. Petrol. Geol., 40, Tulsa, Oklah., 1956.
WILLIAMS, H. S.: Geological Biology. – New York 1895.
WILLIAMS, H., F. J. TURNER & C. M. GILBERT: Petrography. – San Francisco 1954.

Aufgaben und Bedeutung der Lehre vom Aufsuchen und Erkunden von Lagerstätten mineralischer Rohstoffe

(Zum Aufsatz von W. M. KREJTER, Moskau; Z. angew. Geol., Jg. 8, H. 9, Berlin 1962)

Stellungnahme von Prof. Dr. KURT PIETZSCH, Hervorragender Wissenschaftler des Volkes

Eine Stellungnahme zu dem Artikel von Prof. KREJTER muß von den gegenwärtigen Verhältnissen an unseren Hochschulen ausgehen und die tatsächlichen Möglichkeiten berücksichtigen.

Zu den Geowissenschaften rechnen wir hier die Komplexe der Mineralogie und der Geologie mit allen ihren Teilsparten, lassen aber die reine Geophysik unberücksichtigt, weil bei ihr ein so wesentlicher Anteil an Physik und Mathematik enthalten ist, daß der geologische Anteil zurücktritt.

Zur Mineralogie ist auch die Kristallographie zu stellen, die infolge der Anwendung moderner physikalischer Arbeitsmethoden heute eine stärkere Rolle spielt als früher. Die Petrographie wird im allgemeinen an die Mineralogie angeschlossen, mindestens soweit es die Eruptivgesteine und kristallinen Schiefer betrifft, während die Sedimentgesteine oft auch bei der Geologie behandelt werden. Ähnlich liegen die Verhältnisse bei der Lagerstättenlehre. Auch sie hat engste Beziehungen zur Mineralogie; nur die sedimentären Lagerstätten findet man oft auch bei der Geologie.

Zur Geologie zählen die Teilsparten „Allgemeine Geologie", „Historische Geologie" (Stratigraphie), ferner „Regionale Geologie" und „Tektonik". Eine wichtige Teildisziplin ist die Hydrogeologie. Die Bodenkunde wird teils, falls sie nicht überhaupt als eine selbständige Wissenschaft auftritt, von der Geologie, teils von der Mineralogie behandelt. Die Paläontologie ist ebenfalls bei der Geologie zu finden, vor allem, soweit es sich um die Lehre von den Leitfossilien handelt.

Dementsprechend sind die Geowissenschaften an unseren Universitäten an zwei Lehrstühle gebunden, eben an Mineralogie und an Geologie. Eigene Lehrstühle für Lagerstättenlehre findet man nur an den Berghochschulen, wo dann aber gewöhnlich eine Verbindung mit dem Mineralogie-Lehrstuhl besteht. Eine Sonderstellung nehmen Erdöl und Kohle ein, die mitunter sogar durch einen besonderen Lehrstuhl vertreten werden.

Da es heute nicht mehr möglich ist, daß ein Lehrstuhlinhaber alle obengenannten Teilsparten seines Lehrstuhls gleich gut beherrscht und auch zeitlich eine gleichmäßige Vertretung kaum durchführen kann, werden überall Lehraufträge für das eine oder andere Teilgebiet erforderlich, mitunter auch besondere Professuren (ohne Lehrstuhl).

Zu den obengenannten Grunddisziplinen sind nun im Laufe der Zeit und besonders in den letzten Jahrzehnten noch Fächer der sog. Praktischen und der Angewandten Geologie bzw. Mineralogie gekommen. Zur Praktischen Geologie gehört vor allem die geologische Kartierung. Sie erfordert aber weniger Vorlesungen als praktische Übungen im Gelände und wird vom Lehrstuhlinhaber in Verbindung mit Assistenten und Lehrbeauftragten durchgeführt. Die Teilgebiete der Angewandten Mineralogie und Geologie, insbesondere Aufsuchen und Erkundung nutzbarer Ablagerungen aller Art, sind früher an den Hochschulen nur gelegentlich behandelt worden. Im Zusammenhang mit unseren gegenwärtigen Anstrengungen der Erweiterung unserer Kenntnisse über unsere heimischen Rohstoffe ist aber dieses Teilgebiet wert, an den Hochschulen stärker berücksichtigt zu werden, als es bisher meist der Fall war. Dabei handelt es sich natürlich nicht nur um die Lagerstätten der Erze und Nichterze, sondern auch um die der Steine und Erden, der Kohlen und des Erdöls und schließlich auch um die Vorkommen des Grundwassers sowie der Mineral- und Heilwässer. Ob alle diese Teildisziplinen von einem einzelnen Vertreter beherrscht werden können, ist nicht sicher, vor allem dürfte das Wasser wegen seiner besonderen Eigenschaften eine Sonderstellung einnehmen. Zur Angewandten Geologie ist auch die Ingenieurgeologie zu stellen, die in den letzten Jahrzehnten eine immer steigende Bedeutung erlangt hat. Schließlich muß auch die Angewandte Geophysik hier genannt werden, die allerdings am besten von einem geologisch erfahrenen Geophysiker zu vertreten ist.

Macht gegenwärtig schon die Besetzung der Lehrstühle Schwierigkeiten, so ist auch bei den Lehraufträgen für Teildisziplinen nicht ohne Rückgriff auf die Praktiker auszukommen, ganz besonders bei der Vertretung der Angewandten Geologie.

Anderseits kann man von den Studierenden nicht den Besuch beliebig vieler Vorlesungen und Übungen verlangen. Man muß ihnen unbedingt genügend Zeit geben, sich das eine oder andere Teilgebiet durch eigenes Studium der Literatur anzueignen. Es ist vollkommen falsch, von den Hochschulen zu verlangen, daß über alles eine besondere Vorlesung gehalten wird. Die Hochschulen sind keine Dressuranstalten, die für alles und jedes sozusagen ein Rezept geben sollen. Der Studierende muß eben durch ein intensives Grundstudium zum eigenen Denken und Arbeiten gebracht werden. Die Natur ist unendlich vielgestaltig; wer intelligent ist, wird für ihre Erforschung selbst die geeigneten Wege finden.

Geologie und Baustoffindustrie

Gedanken über die Arbeit des Geologen für die Grundstoffwirtschaft

Diskussionsbeitrag von Prof. Dr. OTTO GEHL, Schwerin

Forschung und Praxis bilden Zweige des gesellschaftlichen Lebens, die sich im gegenseitigen Geben und Nehmen entwickeln, wobei einerseits die Notwendigkeiten des Daseins gebieten, andererseits der forschende Geist die Lösung sucht.

So wie der Bergbau auf Erze und Kohle frühzeitig viele Bausteine für das Lehrgebäude der Geologie lieferte und zur Forschung anregte und die Geologie ihrerseits Erkenntnisse über Genese und Lagerung der Rohstoffe als Grundlage der weiteren Erkundung und Nutzung beitrug, so bestehen heute enge Beziehungen zur gesamten Grundstoffwirtschaft, für die hier die Baustoffindustrie als Beispiel gewählt wird.

Dabei fällt der Geologie die Aufgabe zu, den Rohstoff nach Lagerung, Qualität und Quantität zu untersuchen. Die Feststellungen des Geologen bedürfen aber der Ausdeutung durch den Technologen, um sie für die Produktion unmittelbar nutzbar zu machen. Dabei gilt es, die nach chemisch-physikalischen Gesichtspunkten, zumeist also mehr oder weniger exakten Gesetzmäßigkeiten, ablaufenden Gewinnungs- und Produktionsprozesse auf die in der geologischen Untersuchung überwiegend beschreibend festgestellten Verhältnisse der Lagerung und Wasserführung sowie die in absoluten Zahlen ausgedrückten Variationsbreiten der differenzierten qualitativen und die Vorratskategorien der quantitativen Gegebenheiten des Rohstoffs abzustimmen.

Ein lückenloser Zusammenhang von umfassender geologischer Aussage und technologischer Folgerung bietet die Grundlage für den Erfolg der Produktion. Die Schwierigkeiten dieser Synthese, die in dem Wesen geologischer Aussage und technologischer Ausdeutung begründet sind, sind grundsätzlicher Art.

Die geologische Aussage ist in allen ihren Teilen vorrangig beschreibend. Daran ändern auch die heute in steigendem Maße verwendeten exakten Methoden der Erfassung geologischer Tatsachen nichts. Die geologische Situation kann für einen Rohstoff nach der Qualität und z. T. auch nach der Quantität und Lagerung wegen der Komplexheit derselben nur näherungsweise erfaßt werden, wobei der Grad der Genauigkeit der Aussage über die räumliche Verteilung der Qualitäten in der Horizontalen und Vertikalen wie über den Vorrat von der Dichte der Bohransatzpunkte abhängt, letztlich also dem ökonomischen Gesichtspunkt verhaftet ist.

Infolgedessen bleibt der Schritt vom gegebenen Rohstoff der Lagerstätte über die Vorrats- und Qualitätserkundung und den bergmännischen Aufschluß zur Technologie des Produktionsprozesses immer ein Schritt vom natürlichen System, das beschreibend erfaßt wird, zum künstlichen System, das berechnend angepaßt werden muß, bei dem also klare Steuerungsmaßnahmen unbedingt notwendig sind, wenn Schwierigkeiten in der Produktion oder gar Fehlinvestitionen vermieden werden sollen.

Diese Beziehungen zwischen Rohstoff und Technologie haben in dem genannten Produktionszweig immer bestanden. Sie sind allerdings früher nicht in dem Maße wie heute als Beziehungen zwischen unterschiedlichen Systemen empfunden worden, weil die Produktion in der kleinbetrieblichen Baustoffindustrie nicht so vielseitig war, da nicht so differenzierte Ansprüche an den Rohstoff gestellt wurden. Außerdem war die Technologie noch stärker eine Folge von natürlichen Prozessen, bei denen der Rohstoff bis zum Brennprozeß weitgehend durch einfache Vorgänge aufbereitet wurde, die eine ausreichende Homogenisierung für eine Weiterverarbeitung gewährleisteten — eine Voraussetzung, die um so dringlicher wird, je hochwertiger das Erzeugnis und je komplizierter die Technologie ist (W. SCHÜLLE 1962).

Die Beziehungen zwischen Rohstoff und Technologie sind mit der stürmischen Entwicklung der Naturwissenschaften und damit der Technik einerseits und den Forderungen des modernen Lebens andererseits auf eine neue Grundlage gestellt worden. Die Notwendigkeit der Einsparung von manueller Arbeit und Zeit führt zu einer steigenden Mechanisierung und Automatisierung der Arbeitsvorgänge. Die wachsenden Ansprüche an den Rohstoff in bezug auf qualitativ differenzierte Verwendbarkeit regen die Forschung zu vertieften Untersuchungen über die stoffliche Zusammensetzung und die danach zu erwartenden chemisch-physikalischen Reaktionen in dem Verarbeitungsprozeß an. Aus den Ergebnissen resultieren neue Möglichkeiten und Notwendigkeiten für die Technologie, während sich andererseits die mechanisierte Technologie auf die Anforderungen an den Rohstoff auswirkt, was zu einer vertieften Untersuchung desselben zwingt, die wiederum durch moderne Methoden und Apparate ermöglicht wird.

So treten zwischen Forschung und Praxis, aber auch zwischen angewandter Geologie und Technologie dieses Wirtschaftszweiges neue Verflechtungen auf, die in jedem Stadium der Erkundung und Planung eine enge Zusammenarbeit erfordern. Das Ergebnis muß eine dem Ausführungsstand der Planung entsprechende Klarstellung über die Vorräte und deren Qualität und Technologie für ein bestimmtes oder auch mehrere Fertigfabrikate sein, was in der Vorratsklasse und Kategorie seinen Ausdruck findet.

Von den Baustoffinstituten werden eingehende Untersuchungen über die chemisch-physikalischen Konditionen für die Rohstoffe erarbeitet. Auch die Laborversuche über das Zusammenwirken aller Rohstoffelemente unter den quantitativen und qualitativen Produktionsbedingungen werden sorgfältig durchgeführt und verarbeitet. Dazu kommen exakte Untersuchungen über das Fertigfabrikat mit Rückschlüssen auf die Ausgangsstoffe. Alle diese Ergebnisse finden ihren Niederschlag in der Beratung der Projektierung bezüglich der anzuwendenden Technologie, des Aufschlusses der Lagerstätte und des Abbaus sowie der Bemusterung des Rohstoffs.

Diese Bemühungen bleiben aber von beschränkter Bedeutung für die Produktion, wenn die kontinuierliche Ausrichtung auf die Ergebnisse der Geologie fehlt, da dann der entscheidende Aussageinhalt des Geologen nur unzulänglich in die Projektierung eingeht, nämlich die Erkenntnis der Variationsbreite der Rohstoffqualität im gesamten Lagerstättenkörper, der Verteilung der Qualitätseinheiten in der Horizontalen und Vertikalen desselben und seiner Gestalt und Lage im Raum.

Durch eine möglichst umfangreiche und gleichmäßig über den Gesamtraum verteilte Probenahme des Geologen lassen sich die Nachteile einer getrennten Untersuchungsarbeit von Geologie und Baustoffinstitut nur unvollkommen beheben. Umgekehrt bleiben die Untersuchungsergebnisse des Baustoffinstituts ungenutzt für die Feldarbeit des Geologen, weil sie bei den langfristigen Bearbeitungsterminen gewöhnlich erst nach deren Abschluß eintreffen und zusätzliche Bohrungen zumeist nicht möglich sind. Daraus ergibt sich die Notwendigkeit einer kontinuierlichen Zusammenarbeit zwischen Geologie und Baustofftechnologie.

Neue Entwicklungsstadien der Wissenschaft und Praxis erfordern neue Organisationsformen. In den USA wurde an drei Universitäten aus Medizin und Technologie eine neue Fachsparte zur Heranbildung von Technomedizinern geschaffen. Dabei handelt es sich um eine durch die Kybernetik angeregte Arbeitsrichtung an der Grenze von Medizin und Technologie, welche die experimentelle Nachbildung von Lebensvorgängen an technischen Konstruktionen zum Ziele hat. Im Grunde aber handelt es sich immer um das gleiche, wenn auch unterschiedlich schwierige Bemühen des Menschen, die Gesetzmäßigkeiten in den verschiedenen natürlichen Bereichen ordnend zu erfassen, wobei im Laufe der Geschichte der Technik auch in bezug auf die Bereiche der beschreibenden Naturwissenschaften ein immer tieferes Eindringen möglich wurde.

Auf dem Sektor der Lagerstättenerkundung und Nutzung von Rohstoffen der Baustoffindustrie verlangt die Situation dringend die engere Verbindung von Technologie und Geologie. Dafür gibt es zwei Möglichkeiten, die Einstellung von Keramikingenieuren bei den geologischen Erkundungsbetrieben oder die Schaffung eines neuen Berufszweiges, des Technogeologen, wobei der Name zunächst nicht entscheidend ist.

Die hier begründete Forderung nach einer Neubildung einer Berufssparte der angewandten Geologie tritt überall da mehr oder weniger offen in Erscheinung, wo Kenntnisse des Geologen unmittelbar in die Arbeiten benachbarter Berufszweige eingehen. Das ist nicht nur in der gesamten Grundstoffindustrie der Fall, sondern ist auch charakteristisch für die Ingenieur- und Hydrogeologie in ihrem Verhältnis zur Baugrundforschung und Hydrologie.

Zu der geologischen und technologischen Komponente der aufgeführten verschiedenen Arbeitsrichtungen kommt noch in zunehmendem Maße die ökonomische. So sehen die Richtlinien der Zentralen Vorratskommission über Form und Inhalt von Vorratsberechnungen u. a. auch eine industrielle Einschätzung neuerkundeter Lagerstätten vor mit begründeten Kennziffern über die optimale Jahreskapazität des zukünftigen Betriebes, Orientierungswerten für benötigte Investitionen und Selbstkostenvergleichen mit anderen, bereits bestehenden Betrieben. Das sind Angaben, die den Geologen mit einer üblichen Ausbildung überfordern. Diese Behauptung kann nicht durch den Hinweis entkräftet werden, daß von den Hochschulkadern die Fähigkeit verlangt werden muß, sich die jeweils notwendigen Kenntnisse in Technologie und Ökonomie anzueignen. Das gilt bestimmt für fachverwandte Zweige, jedoch verlangt die Beurteilung technologischer und ökonomischer Zusammenhänge eine Beherrschung der Grundfragen dieser Fachgebiete, Fertigkeiten, die zweckmäßig durch ein Studium erworben werden. Dafür spricht auch die Tatsache, daß die Anforderungen nicht nur in einzelnen Fällen gestellt werden, sondern grundsätzlich, so daß hier die Kennzeichen einer neuen Fachrichtung an der Grenze von Geologie, Technologie und Ökonomie gegeben sind.

In diesem Zusammenhang ist bemerkenswert, daß nach KREJTER (1962) an den Geologischen Hochschulen der Sowjetunion zwei Disziplinen existieren, die beide die Lagerstättengeologie zum Lehrgegenstand haben. Hier steht die grundsätzlich ordnende, genetisch-beschreibende Erforschung der Lagerstätten im Vordergrund, dort ist es mehr die Methodik des Aufsuchens und Erkundens, aber auch die ökonomische Beurteilung, wobei in der Grundausrichtung von Lehre und Forschung in diesen Arbeitsrichtungen der Vergleich mit denjenigen an den Universitäten einerseits, den Technischen Hochschulen und Bergakademien bei uns andererseits naheliegt.

Bleibt die Frage, wie weit die Spezialisierung in der technologischen Ausrichtung gehen soll; dann aber auch die Frage des Einsatzes der Absolventen der beiden Ausbildungsrichtungen in der Praxis.

Die stufenweise Gliederung des Erkundungsablaufs bietet sich dabei als Grundlage an. Kartierung und Sucharbeit gehören noch so stark der zweckgebundenen Grundlagenforschung an, daß der ökonomische Gesichtspunkt wohl für die Durchführung der Untersuchungsarbeiten in bezug auf die Relation von Aufwand und Erkenntnis gilt, nicht aber die Ökonomie den beherrschenden Gesichtspunkt darstellt wie bei der Vorerkundung und Erkundung. Und auch der technologische Gesichtspunkt wird erst auf der Stufe der Vorerkundung entscheidend. Auf jeden Fall beziehen sich die Aussagen auf den beiden ersten Stufen weitgehend auf die naturgegebenen Verhältnisse, aus denen sich dann erst auf den nächsten Stufen die technologische und ökonomische Bewertung ergibt.

Literatur

KREJTER, W. M.: Aufgaben und Bedeutung der Lehre vom Aufsuchen und Erkunden von Lagerstätten mineralischer Rohstoffe. — Z. angew. Geol., 8, 9, 449—553, Berlin 1962.

SCHÜLLE, W.: Standardisierung auf dem Gebiet der natürlichen keramischen Rohstoffe. — Silikattechnik, 13. Jg., Berlin 1962.

Besprechungen und Referate

DYBEK, J.

Zur Geochemie und Lagerstättenkunde des Urans

„Erzbergbau und Metallhüttenwesen", Bd. 15, 6, 285—293

In der gesamten Welt setzte in den letzten Jahrzehnten eine intensive Suche nach Uran ein, die in den verschiedensten Ländern zur Entdeckung von zahlreichen, z. T. recht bedeutsamen Uranlagerstätten führte. Der Autor faßt die durch das zahlreiche internationale Schrifttum stark erweiterten Kenntnisse über die Geochemie und Lagerstättenkunde des Urans zusammen und berichtet im vorliegenden Beitrag ausführlich darüber.

Nach einleitender Erörterung der allgemeinen physikalisch-chemischen Eigenschaften des Urans werden die Uranmineralien und die Verteilung des Urans in Meteoriten und Tektiten behandelt. Den sich anschließenden ausführlichen Bericht über das Uran im magmatischen Bereich untergliedert Verf. in die Verteilung des Urans in den Gesteinsmineralien, Verhalten von Uran bei der magmatischen Differentiation, Uran in Pegmatiten und Uran in der pneumatolytisch-hydrothermalen Abfolge. Aus der Vielzahl der beobachteten Paragenesen werden folgende sechs Haupttypen herausgestellt:

1. Eisen-Titan-Davidit-Typ mit Davidit als Haupturanmineral, weiterhin Magnetit, Ilmenit, Rutil, Hämatit und Titanit. Zu diesem Typ gehören u. a. die Lagerstätte von Radium Hill und die Vorkommen bei Tete in Mozambique.
2. Uran-Molybdänglanz-Typ mit Uraninit und Pechblende, Molybdänglanz, Arsenkies, Löllingit, Kobaltglanz, Magnetkies, Pyrit und Kupferkies. Dieser Typ ist vor allem in Britisch-Kolumbien stark vertreten.
3. Pechblende-Fluorit-Typ mit Pechblende und Flußspat sowie untergeordnet Pyrit, Markasit, Magnetkies, Kupferkies, weiterhin Quarz, Karbonspäte, Hämatit und Schwerspat. Der Pechblende-Fluorit-Typ ist weltweit verbreitet. Als typisches Beispiel ist Wölsendorf (Oberpfalz) zu erwähnen.
4. Pechblende-Schwerspat-Typ mit Pechblende, Schwerspat, Quarz und Flußspat. Häufig wird diese Paragenese durch eine jüngere Mineralisationsphase mit Bi-Co-Ni-Erzen überlagert, was dazu führte, daß dieser Typ in der sog. U-Bi-Co-Ni-Ag-Formation zusammengefaßt wurde. Auch dieser Typ ist weltweit verbreitet. Die Lagerstätten des Erzgebirges können als repräsentative Vertreter für diesen Typ angesehen werden.
5. Pechblende-Pyrit-Typ mit Pechblende, Pyrit und Quarz sowie untergeordnet Kupferkies, Bleiglanz und Zinkblende. Vorkommen dieses Typs sind u. a. aus Kanada am Athabasca-See bekannt geworden.
6. Pechblende-Antimonit-Typ mit Pechblende, Antimonit, Quarz, Flußspat und Schwerspat sowie geringfügig Zinnober, Realgar und Auripigment. Über diesen Typ haben bisher lediglich sowjetische Wissenschaftler berichtet.

Ein weiterer Abschnitt ist dem Uran im sedimentären Bereich gewidmet. Hier folgen neben den Verwitterungserscheinungen an uranhaltigen Gesteinen und Uranvorkommen interessante Ausführungen über Uran in den verschiedenen Sedimentgesteinen. Den folgenden Abschnitt über Uran in der Hydrosphäre untergliedert Verf. in die Uranführung der Grundwässer und Flüsse sowie Uranführung des Meerwassers. Im abschließenden Kapitel Uran im metamorphen Bereich wird über die Urangehalte in metamorphen Gesteinen und das Verhalten des Urans bei der Metamorphose berichtet.

Zahlentafeln über den Urangehalt der Intrusivgesteine und von Mineralien in magmatischen Gesteinen, Radioaktivitätsprofile und ein Blockdiagramm, welches die stratigraphische Verteilung der uranhaltigen Braunkohlenflöze erkennen läßt, ergänzen die wertvollen Ausführungen.

DRESSEL

KASCHIRZEWA, M. F., A. N. SCHWENIN & L. W. WORONKEWITSCH

Uranhaltige Glaukonite

„Sowjetskaja Geologija", 11, Moskau 1961, 131—137 (russ.)

Verf. haben in verschiedenen Sedimentgesteinen (vor allem in Sanden und Sandsteinen), die küstennahen marinen Ablagerungen der Kreide angehören, uranhaltige Glaukonite nachgewiesen.

Im ersten Teil der Arbeit werden sehr ausführlich die morphologischen Typen, Korngrößen, die optischen Eigenschaften, die Dichten sowie thermischen Eigenschaften der untersuchten Glaukonite besprochen. Außerdem werden die Ergebnisse von Spektralanalysen sowie von chemischen Vollanalysen mitgeteilt.

Im zweiten Teil des Aufsatzes werden die Beobachtungen über die Uranführung der Glaukonite dargelegt. Die Urankonzentrationen wurden perlenanalytisch (Fluoreszenz-Methode) und radiographisch ermittelt. Von 70 untersuchten Proben aus verschiedenen Gesteinen zeigten 40 erhöhte U-Gehalte. Die Werte schwanken zwischen 0,005 und 0,72% (!).

Es wurden mehrere Formen der Verteilung von Uran in den Glaukoniten beobachtet: 1. Umhüllung von Glaukonit-Körnern durch regenerierte Uranschwärze; 2. gleichmäßige Verteilung des Urans auf das gesamte Glaukonit-Korn (relativ selten); 3. ungleichmäßige Verteilung des Urans in Form einzelner knotenartiger „Verdichtungen" innerhalb des Glaukonit-Korns (verbreitetster Fall). Am häufigsten erweisen sich dunkelgrüne Glaukonite mit dunklen Einschlüssen, die durch ein höheres spezifisches Gewicht gekennzeichnet sind, als uranführend.

Die dunklen Einschlüsse in den Glaukoniten werden auf Grund ihrer optischen Eigenschaften und chemischer Hinweise als Titanminerale vom Leukoxen-Typ gedeutet. An sie könnte (möglicherweise als isomorphe Beimengung) die Uranführung geknüpft sein. Die Form der Verbindung zwischen Uran und Glaukonit sowie die genetischen Beziehungen sind noch nicht endgültig geklärt.

Der Aufsatz ist mit einer Tabelle und drei Abbildungen ausgestattet. E. HARLASS

SCHORYGINA, N. N., T. W. ISUMRUDOWA, I. BADEL, O. S. SAGARMISTR & S. T. SALOMATINA

Perspektiven der Verwendung von Hydrolyselignin in der Erdölindustrie

„Gidrolisnaja i Lesochimiceskaja Promyslennost", 14 (1961), 1, 5–6

Die Nitrierung von Hydrolignin mit verdünnter Salpetersäure führt zu Nitroligninen, die in alkalischen Lösungen und einigen organischen Lösungsmitteln löslich sind. Außer den Nitrogruppen enthalten die Lignine auch eine bedeutende Menge an Carboxylgruppen.

Die Nitrolignine haben sich bei der laborativen Erprobung sehr gut bei der Verminderung der Viskosität und der Schubspannung von Tonspülungen in geologischen Bohrungen bewährt.

Die Nitrierung des Lignins erfolgt mit 5–8%iger Salpetersäure bei 40–45 °C. Die Reaktionsdauer variiert zwischen 1 bis 24 Std., wobei innerhalb 6 Std. die beste Wirkung erzielt wird. Ein Vergleich der Spülungsmeßwerte beim Einsatz von Nitrolignin mit KAL und SA ergibt, daß die Viskositätssenkung des Nitrolignins die der KAL um vieles übertraf. Ein Vergleich der Hydrolignine auch aus der Baumwollschalenverarbeitung zeigte, daß alle Produkte für die Herstellung von Nitrolignin geeignet sind. Ein Versuchsbetrieb stellte Nitrolignin her, das in den einzelnen Bohrgebieten überprüft wird. Das neue Produkt senkt wirksam die Viskosität und die Schubspannung der Tonspülung und senkt gleichzeitig die Wasserabgabe, so daß eine Fabrik in Vorbereitung ist, die den gesamten Bedarf der Erdölindustrie decken soll. B. HEYNE

ESTERKA, F.

Die Thixotropie der Bentonit-Suspensionen, ihre Messung und Beeinflussung

„Silikaty svazek", 2 (1956), S. 24–33

Die Beeinflussung von Bentonitsuspensionen durch Na-Humat, Lignin und das vom Verf. entwickelte Chlor-Alkalisulfit-Lignin wurde untersucht. Die thixotropen Eigenschaften der Bohrspülung lassen sich durch kleine Mengen von Ionen und durch Stabilisatoren, die nach ihrer chemischen Zusammensetzung in die Gruppe der Polyphenole mit polarem Charakter und lyophilen Eigenschaften gehören, lenken. Diese Verbindungen haben den Charakter von Kolloiden, ihr Molekulargewicht bewegt sich zwischen 1000 und 4000.

Es wurde die Stabilisationswirkung sowie die erforderliche Menge an Dispergiermittel festgelegt. Der größte Erfolg konnte mit Chlor-AS-Lignin verzeichnet werden. Gemessen wurde die scheinbare Viskosität der Bentonit-Suspension im Feldviskosimeter SPW–5. Die Messung der Schubspannung und Thixotropie erfolgte im Rotationsviskosimeter SHS–2 der Firma Kip (Moskau).

Der pH-Wert der Tonspülung liegt in den Grenzen zwischen 7 und 8.

Außer einer eingehenden Beschreibung des Rotationsviskosimeters sind in graphischen Darstellungen und Tabellen die Wirkungen der einzelnen Dispergiermittel aufgezeigt. Anhand des chemischen Aufbaus des Chlor-AS-Lignins wird die Wirkung dieses neuen Produktes in der Spülung zur Senkung der Viskosität und Thixotropie erklärt.

B. HEYNE

SPAIN, J. D., F. L. LUDEMANN & A. K. SNELGROVE

The use of precipitation chromatography in geochemical Prospecting, mineral identification with disposable agar gel Culummns

„Economic Geology", Bd. 57 (1962), S. 248–259, 5 Tab., 1 Abb.

Zum Nachweis von Metallkationen, die schwerlösliche Sulfide bilden, empfehlen J. D. SPAIN, F. L. LUDEMANN & ALFRED K. SNELGROVE die Fällungschromatographie auf acetatgepufferten Agargelsäulen, die Ammoniumsulfid enthalten.

Die 6 m salzsaure Lösung der Kationen wird in etwa 0,5 cm hoher Schicht auf die Säule gefüllt. Sie diffundiert in die Säule ein, wobei sich im Laufe von 24–48 Stunden scharf begrenzte Sulfidzonen ausbilden, deren Reihenfolge durch die Löslichkeitsprodukte bestimmt ist. In einigen Fällen entstehen typisch gefärbte Mischzonen (Tabelle im Original).

Zur Herstellung der Säulen läßt man 4 g Agar 30 min lang in 100 ml Wasser quellen, preßt überschüssiges Wasser ab und bringt das gequollene Gel in eine siedende Lösung von 54 g Natriumacetat-Trihydrat in 200 ml Wasser. Man läßt die Lösung 5 min lang unter Rühren sieden und filtriert sie dann durch Glaswolle in eine Vorratsflasche. Bei Bedarf entnimmt man dem Vorrat Anteile von 25 ml Gel, das man im Wasserbad verflüssigt und dann mit 3 Tropfen Ammoniumsulfidlösung versetzt. Mit dieser Mischung füllt man Glasrohre von 12 cm Länge und 6 mm lichter Weite, die am unteren Ende verjüngt sind, bis zu zwei Drittel ihrer Höhe. Das in die Probe eingesaugte verflüssigte Gel wird am unteren Rohrende durch Eiskühlung zum Erstarren gebracht, dann läßt man die Rohre bis zum Erstarren des Gels stehen. Von 200 ml Agarlösung lassen sich annähernd 120 Säulen füllen.

Optimale Bedingungen des Verfahrens: Co, Zn, Pb, Bi, Sb und Sn können aus Lösungen, die nicht mehr als 20 ppm von jedem Metall enthalten, bestimmt werden. Bei Fe, Cd, Cu und As müssen wenigstens 300 ppm von jedem Metall vorhanden sein. Das am wenigsten empfindliche Element Hg erfordert in der Aufgabelösung eine Konzentration von mindestens 600 ppm. Die Überprüfung des Verfahrens an 80 synthetischen 3-Komponenten-Lösungen, die drei der obenangeführten Metalle in bekannter Menge enthielten, brachte gute Ergebnisse. Versuche, den Metallgehalt der Lösungen quantitativ zu erfassen, zeigten, daß alle Metalle, außer As, Sb und Sn, mit einer Genauigkeit von 80% und besser bestimmt werden können.

Abschließend wurden 61 Minerale nach dieser Methode analysiert und die Ergebnisse mit spektrochemisch erhaltenen Daten verglichen. Danach ergibt sich folgendes: Die Hauptbestandteile der Minerale können mit einem hohen Grad an Genauigkeit bestimmt werden. Die Neben- und Spurenbestandteile entgehen in den meisten Fällen der Bestimmung.

Die Vorteile der Methode liegen nach den Angaben der Verfasser im folgenden: Die Ausrüstung ist billig und transportabel. Alle Metalle, die schwer lösliche Sulfide bilden, können in einem einzigen einfachen Arbeitsgang identifiziert werden. Die Metallkonzentrationen lassen sich roh abschätzen.

Nachteile des Verfahrens: Beträchtliche Erfahrung ist notwendig, um die Ergebnisse zu interpretieren. Zur vollständigen Entwicklung des Chromatogramms werden etwa 48 Stunden benötigt. Bestimmte Metalle werden wegen zu geringer Empfindlichkeit nur schwierig erfaßt.

UNGETHÜM

STREET, N.

Viskosität der Tonsuspensionen

„World Oil", 147, H. 7, 151 (1958)

Die Ausgangsgleichung $F = \eta\, dv/dr$, wobei F die Scherkraft, dv/dr der Geschwindigkeitsgradient und η der Viskositätsgradient sind, gilt für nicht-NEWTONsche Flüssigkeiten, wie sie die Tonsuspensionen sind, nicht hinreichend. BINGHAM führte bei den plastischen Flüssigkeiten einen Widerstandsfaktor f ein, also

$$F - f = \eta\, dv/dr$$

Die BINGHAMsche Gleichung zur Definierung der Fließgrenze ist bestimmt durch das Verhältnis Scherkraft zu Geschwindigkeitsgradient. Die Messung erfolgt in einem geeichten Gerät. Damit lassen sich die Kurven des plastischen, pseudoplastischen, newtonschen und dilatanten Fließens feststellen.

Die Spülung verhält sich wie eine plastische Flüssigkeit mit einer definierten Fließgrenze. Die Bindung zwischen den einzelnen Tonpartikeln gibt das viskose Verhalten. Durch Ionenaustausch wächst die negative Oberfläche, die Abstoßung nimmt zu, und es ergibt sich eine ausgedehnte

Kettenkonfiguration. Wird die positive Ladung neutralisiert, flocken die Teilchen aus. Der Effekt der Anisometrie in Tonsuspensionen ist proportional der Fließkraft. Die Abhängigkeit der Scherung von der Viskosität der Tonsuspension leitet sich von der Länge der Fließeinheiten ab. Nach REINER und RIWLIN ist die Scherabhängigkeit der Viskosität:

$$\eta_a = (\eta_0 - \eta_\infty)\, e^{-c\, dv/dr} - \eta_\infty$$

η_a = apparente Viskosität;
η_∞ = Viskosität bei beginnender Scherung;
η_0 = Viskosität bei der Scherkraft null.

Wenn die Suspension eine BINGHAM-Flüssigkeit ist, ergibt sich:

$$\eta_a = \eta_\infty + \frac{f}{dv/dr}$$

Die Strecke vom Neutralisationspunkt der positiven Ionen bis zum Punkt des Einsetzens von laminarer Ausflockung ist für die Bohrschlämme von Wichtigkeit.

Während beim isoelektrischen Punkt die Viskosität bei Tonerde ein Maximum hat, gehen beim Ton die Kanten der Teilchen durch den isoelektrischen Punkt.

An Hand von Tabellen wird das Verhalten von c, η_0, η_∞ bei der Neutralisation und dem Ionenaustausch mit LiOH, KOH und NaOH gezeigt. Na-Bentonite werden in der Praxis zumeist eingesetzt.

B. HEYNE

GORODNOW, W. D., J. B. ADEL & K. F. SCHIGATSCH

Der Einfluß chemischer Reagenzien auf die Quellung von Tongesteinen

„Nefti i gasa", 1 (1962), 35–40

Bei Erdöl- und Erdgasbohrungen in Teufen von 7000 bis 10000 m treten nicht nur Probleme durch hohe Temperaturen und Drücke auf. Jetzt soll auch die Einwirkung des Filtrats der Spülung auf die Gesteine der Bohrlochwand, insbesondere der Quellung der Tongesteine unter diesen Bedingungen, untersucht werden.

Die Methode zur Bestimmung des Quellungsgrades K_1 ist bereits von den Verf. veröffentlicht. Hier wird der Einfluß von ein- und zweiwertigen Elektrolyten, Na- und Ca-Hydroxyd, Karboxylmethylzellulose (CMC), kondensierter Sulfitspritablauge (KSSA), kohlenalkalischer Lösung (KAL) und von Kalklösungen auf K_1 aufgezeigt. Alle Komponenten bewirken ein Absinken der Quellung des Tongesteins. NaCl und $CaCl_2$ setzen infolge der koagulierenden Wirkung auf die Tonpartikel die Quellung herab, ergeben aber gleichzeitig eine Verschlechterung der kolloidalen Eigenschaften der Spülung. CMC und Sulfatäthylzellulose (SÄZ) verbessern dagegen die Stabilität der Tonspülung durch die Senkung der Wasserabgabe, so daß die Auswahl der Reagenzien nach diesen Gesichtspunkten erfolgen soll. CMC, neutrale Salze mit CMC und Kalklösungen werden den komplexen Forderungen am besten gerecht.

B. HEYNE

ANDREJEW, P. F., E. A. PLISKO & E. M. ROGOSINA

Die Wechselwirkung verdünnter Uransalzlösungen mit Chitin und einigen Zelluloseäthern (russ.)

„Geochimija", 6, Moskau 1962, S. 536–539

Bei der Bildung von sedimentären Uranlagerstätten spielen bekanntlich organische Substanzen pflanzlicher und tierischer Herkunft eine sehr große Rolle hinsichtlich der Metallanreicherung.

Die Autoren untersuchen experimentell die adsorbierende Wirkung von Chitin und dessen Abkömmlingen sowie von einfachen Zelluloseäthern auf verdünnte Uransalzlösungen. Die Analysenresultate sind in drei Tabellen zusammengefaßt, aus denen jeweils die extrahierende Wirkung von Chitin, Äthylchitin, Karboxymethyl-Chinin, Äthyl-Zellulose, Nonyl-Zellulose bzw. Hetyl-Zellulose auf Uran nitratischer (als Kation) oder karbonatischer (als Anion) Form bei pH 3 und pH 8 ersichtlich ist. Die Adsorptionsfähigkeit der Verbindungen wird bei unterschiedlichen U-Konzentrationen der Ausgangslösungen untersucht. Von Chitin und dessen Abkömmlingen wird ein bedeutender Teil (50–100%) des Urans aus verdünnten nitratischen Lösungen adsorbiert. Im Vergleich dazu ist die adsorbierende Wirkung der Zellulose-Äther (lediglich mit Ausnahme von Äthyl-Zellulose, die den Werten der Chitin-Gruppe nahekommt) bedeutend geringer.

Uran in karbonatischer Form (als Anion) wird von Chitin und Äthyl-Chinin ebenfalls weit vollständiger (60–100%) adsorbiert als von Hetyl-Zellulose (20–60%).

Zusammenfassend wird festgestellt, daß Chitin und seine Abkömmlinge die Eigenschaft aufweisen, Uran sowohl in Kationen- als auch in Anionenform zu adsorbieren. Das wird auf die Existenz von Makromolekülgruppen in deren Struktur zurückgeführt, die zur Bildung von Komplexen und zum Anionenaustausch geeignet sind. Auch die Adsorption von Uran aus Lösungen von Karbonatkomplexen kann unter natürlichen Bedingungen durch Produkte erfolgen, deren Eigenschaften denen des Chitins analog sind.

E. HARLASS

AIDINJAN, N. CH.

Der Quecksilbergehalt einiger natürlicher Wässer

In: „Fragen der Geochemie III", AN UdSSR, Arbeiten d. Inst. f. Geol. d. Erzlagerst., Petrogr., Min. u. Geochemie, Wypusk 70, Moskau 1962, S. 9–14

Weil bisher genügend empfindliche und dabei einfache Nachweismethoden für Hg in geringen Konzentrationen fehlten, sind in der Literatur Angaben über die Hg-Gehalte natürlicher Wässer kaum anzutreffen.

Mit Hilfe der vom Autor schon 1960 ausgearbeiteten Methodik zur Bestimmung geringer Hg-Mengen war es nun möglich, einige Wasserproben aus Flüssen (vorwiegend europäischer Teil der UdSSR) und Meeresbecken (Schwarzes Meer, Teilbecken des Mittelmeeres, Atlantischer und Indischer Ozean) auf ihren Gehalt an Quecksilber zu untersuchen und damit die lückenhaften Kenntnisse über die Migration und Konzentration dieses Elementes in der Hydrosphäre zu vervollständigen.

Insgesamt wurden 25 Proben aus Flußläufen und 14 Proben aus Meeresbecken bzw. Ozeanen untersucht. Die Bestimmungen wurden jeweils doppelt ausgeführt, wobei beide Varianten der vom Autor ausgearbeiteten Methode (1. Sammelfällung von HgS mit PbS, 2. Adsorption durch aktives MnO_2) zur Anwendung kamen. Der Hg-Gehalt in Flüssen liegt zwischen $n \cdot 10^{-7}$ und $n \cdot 10^{-6}$ g/l (Mittelwert von 25 Flüssen: $1{,}1 \cdot 10^{-6}$ g/l). Dabei schwankt die Hg-Konzentration innerhalb eines Flusses nur unbedeutend.

Die Hg-Gehalte von Meerwasser unterscheiden sich im allgemeinen nicht von denen in Flußwasserproben; die Resultate schwanken zwischen $7 \cdot 10^{-7}$ und $2 \cdot 10^{-6}$ g/l. Der Mittelwert von 5 Proben aus dem Schwarzen Meer, die in verschiedener Tiefe genommen wurden, beträgt $1{,}1 \cdot 10^{-6}$ g/l; dabei liegt die Konzentration in Proben aus geringerer Tiefe (5 m) etwa zweimal höher als in Proben aus dem Tiefenbereich von 10–70 m.

Auf Grund von Analysen, die 1934 von STOCK & CUCUEL publiziert wurden, errechnete SAUKOW (1946), daß die mittlere Hg-Konzentration in Gesteinen etwa 1000mal höher ist als in der Hydrosphäre. Nach den neuen Resultaten des Autors enthalten die Gesteine im Mittel jedoch nur rund 30–35mal mehr Quecksilber als die Hydrosphäre.

Abschließend diskutiert der Autor die Art des Transportes von Hg in das Meer. Sicherlich wird die Migration größtenteils in ionarer Form erfolgen, teilweise muß aber auch mit einem Transport durch kolloide Teilchen gerechnet werden.

E. HARLASS

SAUKOW, A. A., N. CH. AIDINJAN & W. I. WINOGRADOW

Zur Frage der Migration des Quecksilbers in der Zone der Hypergenese

In: „Fragen der Geochemie III"; Akad. Wiss. UdSSR; Arbeiten d. Inst. Geol. Erzlagerst., Petrogr., Min. u. Geochemie, Wypusk 70, Moskau 1962, S. 20–29

Verf. untersuchten eine große Anzahl von Wasserproben aus mehreren Hg-Lagerstätten der UdSSR. Die geologische Position der Lagerstätten (Symap, Haidarkhan, Tschau-Wai in Südfergana; Nikitowka im Donbass; Wyschkowsker Erzfeld in Transkarpatien), die Lagerung und Form der Erzkörper usw. werden kurz beschrieben und die Migrationswege und -bedingungen der aufgefangenen Sickerwässer und anderer Wasserproben diskutiert. Gleichzeitig mit der Hg-Konzentration werden die Anionen- und Kationengehalte der Wasserproben und deren pH-Werte ermittelt.

Die Untersuchungsergebnisse zeigen, daß unter den verschiedenen hydrochemischen und hydrogeologischen Gegebenheiten, die für die Zone der Hypergenese typisch sind, Quecksilber nur in begrenzten Mengen von Wasser transportiert wird. Die Hg-Konzentration in Wässern aus vererzten Bereichen liegt in den Grenzen von $1 \cdot 10^{-6}$ bis $5 \cdot 10^{-6}$ g/l und steigt nur in einzelnen Fällen auf $1 \cdot 10^{-5}$ g/l an. Diese Gehalte stimmen in der Größenordnung praktisch mit den in normalen Grundwässern und in Flüssen festgestellten Hg-Mengen überein.

Die geringe Löslichkeit von Hg-Verbindungen und die Tatsache, daß Quecksilber von vielen Stoffen leicht aus den Lösungen adsorbiert wird, führt offensichtlich dazu, daß Hg auf weitere Strecken nur in einer Konzentration von etwa $n \cdot 10^{-6}$ g/l transportiert wird. Als Sorbenten können nicht nur solche feindispersen Systeme wie Tone oder Fe-Hydroxyde, sondern auch Tonschiefer, Kalksteine usw. wirken, was durch Experimentalarbeiten AIDINJANs bestätigt wird. Ein Teil des transportierten Quecksilbers wird dem Wasser außerdem dadurch entzogen, daß es bis zum metallischen Zustand reduziert wird und dann gasförmig weiter migriert. Auf diese Weise (Adsorption von Hg durch bestimmte Gesteine; „Verseuchung" des Nebengesteins mit metallischem Hg) können sich sowohl im Bereich von Quecksilber- als auch von Antimon- oder polymetallischen Sulfid-Lagerstätten (mit Hg als Begleitelement) sekundäre Dispersionshöfe bilden, die mit Hilfe hydrargometrischer Aufnahmen nachgewiesen werden können. E. HARLASS

JATROW, S. N.

Spülungen beim Niederbringen von Bohrungen

„Gostoptechisdat", Moskau 1960, 312 S., 87 Abb., 8,60 Rubel

Der Verfasser dieses umfangreichen Werkes hat im Gegensatz zu dem Buch von SHUCHOWITZKI (s. H. 4/1962) nicht die praktische Spülungsarbeit in den Vordergrund seiner Betrachtungen gestellt, sondern mehr die allgemeinen Erkenntnisse hervorgehoben, so daß ein Buch vorliegt, das für Tiefbohrer und Spülungsfachleute sehr zu empfehlen ist.

Ausgehend von den physikalischen und chemischen Grundlagen disperser Systeme, werden die strukturellen und mechanischen Eigenschaften der Bohrspülungen und ihre Koagulation erläutert. Die wesentlichsten Anforderungen und Funktionen der Bohrspülung, die für den gesamten komplizierten Prozeß des gegenwärtigen Tiefbohrens ausschlaggebend sind, werden aufgezählt. Das Überprüfen der Spülungsmeßwerte in Labor und Praxis hat sich international angeglichen, die Meßwerte sind dadurch vergleichbar.

In dem Abschnitt über die Behandlung der Spülung mit Chemikalien werden die charakteristischsten Merkmale der gebräuchlichen Spülungschemikalien angeführt. Außer dem Verfahren zur Aufbereitung der kohlen- und torfalkalischen Lösungen, der Laugen aus Sulfit-Sprit-Ablauge und Stärke wird ein Schema zur Erstellung einer zentralen Aufbereitung von alkalischen Chemikalien aufgezeichnet. Die Regulierung der Spülungseigenschaften und Meßwerte erfolgt mit Wasserglas, Kochsalz, gelöschtem Kalk, kalzinierter und kaustischer Soda. Die Hydrozyklonenanlage wird nicht nur zur Reinigung der Spülung angesetzt, sondern nach dem System Grosny erfolgt eine Regenerierung des Beschwerungsmaterials bei beschwerten Spülungen. Eine zentrale Spülungsaufbereitungsanlage wird erläutert.

Neue Untersuchungen auf dem Gebiet der Wasserspülungen sind sehr aufschlußreich. Es werden Klarwasserspülungen eingesetzt, die durch Stabilisatoren die erforderlichen Spülungswerte erhalten können.

Kalk-, öl- und silikatbasische Spülungen werden beschrieben und ihr Einsatz unter erschwerten Bedingungen, wie Spülverlust, Nachfall, Öl- und Gasausbrüche, Wasserzuflüsse, Verhütung und Beseitigung von Festwerden und Festziehen des Bohrwerkzeuges, behandelt.

Eine Analyse der verschiedenen Spülungsarten vom Standpunkt ihrer Effektivität zum Erbohren von produktiven Schichten und zur Vollendung von Bohrungen schließt diese Kapitel ab. Die neuesten Forschungsergebnisse auf dem Gebiet der Bohrspülung aus der UdSSR werden umrissen. Eine Übersetzung des Buches ins Deutsche ist zu empfehlen. B. HEYNE

GRODDE, K. H.

Spülungsprobleme, die der Tiefbohrtechnik Grenzen setzen

„Erdöl und Kohle", Jg. 15, 4 (1962), S. 258–262

Entsprechend den geothermischen Tiefenstufen zwischen 17 und 40 m/°C treten hohe Temperaturen bei den verschiedensten Teufen auf. Für die Rezepturen der Bohrspülungen können Grenztemperaturen angegeben werden, bedingt durch Verkieselung und Verdickung der Spülung und durch die Zersetzung des Schutzkolloids. Verf. stellt den Temperaturverlauf für zwei verschiedene Fließgeschwindigkeiten im Bohrloch auf. Zu hohe Auslauftemperaturen führen zum Verbrühen der Bohrmannschaft, eine Kühlung der Spülung ist notwendig. Problematisch ist die begrenzte Temperaturbeständigkeit der Carboxylmethylcellulose (CMC), der anderen Cellulosederivate und der etwas stabileren Polyacrylate. Die neuartigen Dispergiermittel eignen sich nur für elektrolytarme Spülungen. Ölbasische Spülungen mit besserer thermischer Beständigkeit eignen sich wegen der Temperaturabhängigkeit ihrer Viskosität, der geringen Gelstärken und der Verklebung des Porenraumes der Lagerstätte kaum zum Abteufen heißer Bohrungen.

Ton-Salzwasser-Spülungen können bis zu einem spezifischen Gewicht von 3,0 g/cm³ hergestellt werden. Der petrostatische Lagerstättendruck ist zu kompensieren, die genaue Beachtung der Dichtewerte für Lagerstättendrücke bzw. Spülungsverluste ist wichtig. Auch das plastische Verhalten des Gebirges muß hierbei beachtet werden. Andere durch Gebirgsverhältnisse aufgeworfene Schwierigkeiten, wie unerwünschte Zuflüsse, können durch Spülungsmaßnahmen zumeist behoben werden.

Durch geeignete Verhältnisse von Bohrstrang- und Bohrlochdurchmesser können günstige hydraulische Bedingungen geschaffen werden.

Abschließend geht Verf. auf die Spülungskosten bei tiefen Bohrungen ein, die sich von etwa 10% der Gesamtkosten bei normalen Bohrungen je 1000 m Teufenzunahme verdreifachen. B. HEYNE

DIMBOIU, M.

Spülungen zum Bohren in großen Tiefen

„Petrol si Gaze", Bd. 13 (1962), 2, S. 62–70

Außer den üblichen Spülungsschwierigkeiten treten bei Tiefbohrungen hohe Temperaturen und Drücke auf. Spülungsproben wurden zwischen 15 und 120 °C bei Dichten zwischen 1,1 und 2,0 g/cm³ untersucht.

Die üblichen Ton- Wasser- und kalkbasischen Spülungen zeigen einen starken Viskositätsanstieg über 60 °C. Die Gelierung der Spülungsflüssigkeiten aus Erdölprodukten (Ölemulsionsspülungen) sinkt mit dem Anstieg der Temperatur, dabei fällt die Stabilität, so daß sich das Beschwerungsmittel ablagert. Umfangreiche Untersuchungen, die in einer Filterpresse mit Drücken bis zu 170 atü durchgeführt wurden und in Tabellen und Kurven zusammengefaßt vorliegen, stellen die Grenzen dieser Spülung dar.

Aus der Literatur sind ausgeflockte Spülungen bekannt, die mit oberflächenaktiven Substanzen behandelt wurden. Die nichtionogenen oberflächenaktiven Substanzen sind wärmebeständig und tragen mit den hinzugefügten Elektrolyten zur Flockung und Verhinderung der Hydratation der Tone bei. Die Funktionen dieser Substanzen sind:

1. Schmierung und Emulgierung der in der Spülung vorhandenen Öle;
2. Erhöhung der Wirksamkeit der filtrierungsreduzierenden Substanzen;
3. Bildung eines Flockungsmediums.

Eine typische nichtionogene oberflächenaktive Substanz ist oxäthyliertes Nonylphenol

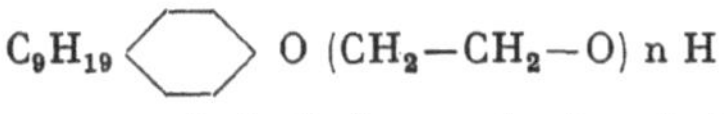

dazu kommen noch Antischaummittel und ein Emulgator. Eine weitere stabile Spülung stellt die Gipsspülung dar, die mit der Kalk-Rot-Spülung zu vergleichen ist.

Als Verdünner dient Ferrochromlignosulfonat bei einem niedrigen pH-Wert von 7–9. Auch Spülungen mit lignitischer Braunkohle + NaOH zeigen bis 232 °C geringe Wasserabgaben und gute rheologische Eigenschaften. Zur Senkung der Wasserabgabe werden bei diesen Spülungen CMC-Produkte oder Polyacrylate eingesetzt. Für tiefste Bohrungen wird eine Spezialflüssigkeit verwendet, da bei dieser Spülung keine störenden Viskositätseffekte auftreten.

Verf. entnimmt zusätzliche Tabellen und Zahlenangaben der Literatur und stellt damit den derzeitigen Stand für Tiefbohrspülungen zusammen. B. HEYNE

PRESCHER, H.

Jahrbuch des Staatlichen Museums für Mineralogie und Geologie zu Dresden 1961

Verlag von Theodor Steinkopff, Dresden und Leipzig 1961. — 133 S., 10 Abb. im Text, 189 Fig. auf 51 Taf., 1 Anlage

Seit 1954 bereichert das Staatliche Museum für Mineralogie und Geologie zu Dresden durch die Herausgabe eines Jahrbuches die geologische Literatur unserer Republik. Auch das Heft für 1961 enthält wieder einige recht interessante, insbesondere die Geologie Sachsens und speziell des Elbsandsteingebirges behandelnde Artikel, die wert sind, erwähnt zu werden.

H. PRESCHER berichtet über seine stratigraphisch-faziellen Untersuchungen in den turonen Kreidesandsteinen bei Hohnstein, K.-A. TRÖGER in einer vorläufigen Mitteilung über die stratigraphische Stellung der Strehlener Schichten sowie der Mergel von Zatzschke und S. LENTSCHIG-SOMMER über ein Vorkommen von Alunogen (Keramohalit) im Elbsandsteingebiet. Zur Mineralführung und Genese der Magnetitlagerstätte ,,Ludwig-Fundgrube" bei Ölsnitz/Vgtl. äußert sich W. QUELLMALZ, zu periglazialen Profilmerkmalen erzgebirgischer Gneisböden W. HUNGER. Die pleistozänen Pflanzenreste von Ockrilla bei Meißen werden durch T. NÖTZOLD eingehend beschrieben.

Beiträge zur Geschichte der Geologie fehlen auch diesmal nicht. So zitiert H. PRESCHER aus der 1504 erschienenen ,,Margarita Philosophica" GREGOR REICHs dessen Ansichten über Art und Entstehung der Erdbeben, während S. BÖRTITZ & W. EIBISCH einen Überblick über den einstigen Bergbau zwischen Klingenberg und Tharandt vermitteln.

Der gute Gesamteindruck der Zeitschrift wird leider durch die völlig ungenügende Ausführung einiger Zeichnungen und die Wiedergabe schlechter Fotos geschmälert.

D. FRANKE

Neuerscheinungen und Literaturhinweise

BABINEZ, A. E. & S. T. SWOLJSKIJ
Die Untersuchungen der Bodendichte und -feuchtigkeit durch radioaktive Strahlen
Isdat AN Ukrain. SSR, Kiew 1961, 139 S.

BETECHTIN, A. G.
Wie sucht man Manganerze?
Gosgeoltechisdat, Moskau 1959, 21 S.

WELIKIJ, A. S.
Die Strukturen der Erzfelder in Faltungsgebieten
Isdat Leningrad, Univ., Leningrad 1961, 274 S.

WALJASCHKO, M. G.
Geochemische Gesetzmäßigkeiten der Bildung von Kalilagerstätten
Isdat Moskowskogo Univ., Moskau 1962, 396 S.

Autorenkollektiv
Talk als Mineral und Bodenschatz
Isdat AN SSSR (1961), 142 S.

SIFRIN, D. W.
Wie sucht man Eisenerze?
Gosgeoltechisdat, Moskau 1961, 25 S.

OGARKOW, W. S.
Die Erkundungsmethodik von Kohlenlagerstätten des Plattformtyps
Gosgeoltechisdat, Moskau 1961, 99 S.

SAPOSHNIKOW, D. G.
Zur Theorie der Prognose sedimentärer Erzlagerstätten
Isdat AN SSSR (1961), 140 S.

Nachrichten und Informationen

Exkursionstagung 1962 der Geologischen Gesellschaft in der DDR

Die Herbstexkursionstagung 1962 der Geologischen Gesellschaft in der DDR fand vom 19.—21. Oktober in Leipzig und Erfurt statt. In Verbindung damit stand das 2. Treffen der Sektion Quartärgeologie am 18. Oktober in der Leipziger Kongreßhalle, welches mit seinen sehr interessanten Vorträgen zum Thema ,,Das Pleistozän des Sächsisch-Thüringischen Raumes" gleichzeitig der unmittelbaren Vorbereitung der insgesamt 15 durchgeführten Exkursionen diente.

In Vertretung von Prof. Dr. WEHRLI eröffnete Prof. Dr. LAUTERBACH die Tagung, an welcher neben zahlreichen Geologen aus der DDR auch Gäste aus Westdeutschland, der VR Polen, der ČSSR und der VR Ungarn teilnahmen. Die 10. Jahrestagung der Gesellschaft im Mai 1963 findet ebenfalls wieder in Leipzig statt.

Auf dem von Dr. G. VIETE geleiteten 2. Treffen der Sektion Quartärgeologie wurde bekanntgegeben, daß ihre nächste Tagung vom 28.—31. März 1963 in Schwerin unter dem Thema ,,Beiträge zur Quartärgeologie Mecklenburgs" stattfindet. Dazu werden Exkursionen im Küstenraum der Ostsee und im Binnenland durchgeführt. Der Mitgliederstand der Sektion ist auf gegenwärtig 150 angewachsen.

Das neugebildete Quartärkomitee der DDR unter dem Vorsitz von Prof. Dr. L. HECK wird die Quartärgeologie der DDR gegenüber der INQUA vertreten.

Die an drei Tagen durchgeführten Exkursionen waren, von einigen notwendigen Umstellungen abgesehen, gut vorbereitet und wurden von bewährten Fachleuten geführt.

So zeigte z. B. die in der DDR — nicht zuletzt durch die Tätigkeit der Geologischen Gesellschaft — seit längerer Zeit bewußt geförderte Zusammenarbeit zwischen den Geowissenschaften und der Braunkohlenindustrie einen ihrer Erfolge in den Exkursionen A 4 (Lagerstätten der Steine und Erden im Deckgebirge des nordwestsächsischen Braunkohlenreviers; Führung Dipl.-Geol. P. BÖHME, Leipzig) und B 2 (Quartär und Tertiär im westlichen Teil des Weißelsterbeckens; Führung Dipl.-Geol. L. EISZMANN und Dr. O. WAGENBRETH). Nur durch das großzügige und verständnisvolle Entgegenkommen der Braunkohlenwerke Thräna, Rositz, Regis und Profen konnten die Exkursionen in den Tagebauen Borna-Ost, Haselbach, Schleenhain und Profen zu einem vollen Erfolg werden. Neben der Erläuterung und Demonstration der Stratigraphie sowie der Lagerungsverhältnisse seitens der Exkursionsleitung wurden durch die Vertreter der Braunkohlenwerke ökonomische und technologische Probleme diskutiert, wobei es galt, das Verständnis einzelner mit der industriellen Praxis weniger vertrauter Exkursionsteilnehmer für diesen Fragenkomplex zu wecken. Erwähnenswert ist hierbei die Betrachtung der selektiven Gewinnung von nutzbaren Rohstoffen aus dem Deckgebirge der Braunkohlenflöze.

Die Verknüpfung gewonnener Detailerkenntnisse zur großräumigen Übersicht der Geologie des Weißelsterbeckens gelang auf beiden Exkursionen. Besondere Höhepunkte stellten die z. Z. einzigartigen Aufschlußverhältnisse in den Braunkohlentagebauen Schleenhain und Profen dar. Während seitens der Exkursionsleitung für die Befahrung des Tagebaus Profen eine angemessene Zeit zur Verfügung stand, war dies im Tagebau Schleenhain leider nicht der Fall.

Die Exkursion A 1 (Führung: Dipl.-Geol. W. SCHULZ) gab einen guten Überblick über die Gliederung des Pleistozäns in der Umgebung von Halle (Saale).

Die von Dipl.-Geol. L. EISZMANN, Leipzig, geführte Exkursion A 2 begann im Gebiet der drentheglazialen Tauchaer Stillstandslage, deren relativ gut erhaltene morphologische Formen mächtige kiesig-sandig-schluffig ausgebildete Aufschüttungen der Endmoräne widerspiegeln. Sie führte dann zu einem Sander der Wachau-Grimmaer Eisrandlage (Saaleeiszeit) und zu mehreren Großaufschlüssen von Mulde-schottern zwischen Neundorf und Rochlitz. Die verschiedenaltrigen Schotterterrassen lassen die Läufe der Mulde erkennen: im Frühelsterglazial von Grimma nach NNW, im Holsteininterglazial von Großbothen und Grimma nach Leipzig (Leipziger Muldenlauf und Mulde-Gösel-Lauf) und in postdrentheglazialer Zeit die Formierung des rezenten Flußlaufs. Den Abschluß der Exkursion bildete die Befahrung einer Grube, die sandig-kiesige Ablagerungen der Peniger Stillstandslage und die obere Mindelmoräne anschnitt.

Die mit den mittel- und jungpleistozänen Lößen Nordsachsens bekannt machende Exkursion A3 stand unter der Führung von Dr. I. LIEBEROTH, während die Exkursion A5 ins Tertiär und Pleistozän des Geiseltales mit Dr. G. KRUMBIEGEL vom Geiseltalmuseum in Halle keinen berufeneren Exkursionsführer haben konnte.

Die Exkursion B1 (Führung: Dipl.-Geol. R. RUSKE, Halle/Saale; M. WÜNSCHE, Freiberg/Sa.) führte in das Gebiet westlich von Leipzig bis Bad Kösen. Der Aufschluß im Tagebau Miltitz bot eine Schichtenfolge vom Oligozän bis zur Hauptgrundmoräne der Saaleeiszeit, während die folgenden Exkursionspunkte hauptsächlich den Lößen und fossilen Böden gewidmet waren. Äußerst einprägsame und von der Exkursionsleitung sorgfältig vorbereitete Profile wurden dabei besonders im Braunkohlentagebau Roßbach bei Weißenfels und in der Ziegeleigrube Gerlach in Freyburg (Unstrut) befahren. Daneben wurde auch ein kurzer Einblick in die Entwicklung der Saaleterrassen in diesem Gebiet gegeben.

Unter den von Erfurt aus durchgeführten Exkursionen muß besonders die Exkursion C2 erwähnt werden, die unter der Führung von Dipl.-Forstwirt W. SCHILLING und Dipl.-Geol. H. WIEFEL stand. Durch die mit viel Fleiß und Mühe hergestellten und bezeichneten Aufschlüsse konnte ein ausgezeichneter Einblick in die jungpleistozänen Periglazialbildungen sowohl auf dem Thüringer Wald als auch im ostthüringisch-vogtländischen Schiefergebirge gewonnen werden. Dabei wurde sehr wahrscheinlich gemacht, daß die pleistozänen Ablagerungen des hohen Thüringer Waldes periglazialer Entstehung sind und ihr glazigener Charakter (Moränennatur in einigen der von A. SCHÜLLER 1954 beschriebenen Aufschlüssen) abgelehnt werden muß.

Die Exkursion C4 führte in das Verbreitungsgebiet periglazialer Bildungen des mittleren Saaletales zwischen Jena und Rudolstadt. Dipl.-Geol. A. STEINMÜLLER, Jena, vermittelte als Exkursionsführer einen ausgezeichneten Überblick über die Ausbildung und Verbreitung der Saaleschotter. Es konnten Bildungen fünf verschiedener Terrassenniveaus nachgewiesen werden, die sämtlich dem rezenten Saaletal folgen und sich teilweise stufenförmig aufbauen. Der Zusammenhang zwischen Geologie und Geomorphologie war hier besonders offensichtlich. Die Geomorphologie als eine Kartierungsmethode bot sich auch bei den im Relief gut ausgeprägten Schwemmkegeln an. Die Sedimente der Schwemmkegel erreichten in den besuchten Aufschlüssen Mächtigkeiten bis zu 15 m und bestanden in Blockpackungen schlecht abgerundeter Sandsteine und aus wenig sortiertem sandigem Material. Bei Kolkwitz ließen sich drei Generationen von Schwemmkegeln unterscheiden. In Abänderung des Exkursionsprogramms demonstrierte K. D. JÄGER, Berlin, abschließend an einem kleinen Zufluß der Saale bei Schaale die Möglichkeiten der stratigraphischen Gliederung und recht genauen zeitlichen Einordnung des Holozäns anhand archäologischer Untersuchungen.

Auch die übrigen nicht weniger interessanten Exkursionen der Herbsttagung 1962, auf die in diesem kurzen Bericht nicht besonders eingegangen werden konnte, nahmen einen im großen und ganzen recht erfolgreichen Verlauf.

F. HESS, S. KÄBEL & H. RADTKE

Tagung des Fachverbands Mineralogie der Geologischen Gesellschaft in der DDR

Der Fachverband Mineralogie der Geologischen Gesellschaft veranstaltete am 5. und 6. 10. 1962 eine Vortrags- und Demonstrationstagung unter dem Thema: „Neue mineralogische Untersuchungsmethoden".

Die Tagung fand in den Räumen des Geologisch-Paläontologischen Instituts der Friedrich-Schiller-Universität Jena statt. Die Tagungsleitung hatte Herr Dr. GAUSE vom VEB Carl Zeiss, Jena. Am 5. 10. wurden folgende Vorträge gehalten:

H. MOENKE, Jena:
Die Bedeutung der experimentellen Untersuchung von RUBENS, SCHAEFER und MATOSSI, Lehrer und Mitarbeiter, für die Ultrarotspektroskopie von Mineralien.

H. MOENKE, Jena:
Der Stand der Präparationstechnik für die Absorptionsmessungen an pulverisierten Festkörpern.

H. MOENKE, Jena:
Einsatzmöglichkeiten des vollautomatischen Ultrarotspektralphotometers UR 10 in der Lagerstättenforschung und in der Petrographie.

H. MOENKE, Jena:
Über den Aufbau und den Inhalt der Mineralspektren, der ersten Bestimmungstabellen auf ultrarotspektroskopischer Grundlage für die mineralogisch-geologische Praxis.

H. SCHELLER, Jena
Geräte zur spektrochemischen Analyse von Mineralien.

J. BERGNER, Jena
Mikrophotographie und ihre Anwendung in der Polarisationsmikroskopie.

H. GAUSE, Jena
Neue Untersuchungsmethoden in der Polarisationsmikroskopie.

Die Demonstrationen von Zeiss-Geräten fanden am 6. 10. 1962 statt. Ausgestellt waren ein UR 10, das Q 24, ein Dreiprismenglasspektrograph, das neue Universalmikroskop NU mit mikrophotographischem Zubehör, darunter eine Belichtungsautomatik, ein SM XX, das mit Polarisationsfiltern und drehbarer Tischplatte ausgerüstet war, ferner das Polmi A mit WRIGHTschem Okular und neuen Kompensatoren.

Diese Demonstrationen gaben Gelegenheit zu fruchtbaren Gesprächen mit den Fachleuten des VEB Carl Zeiss, Jena, die von den Teilnehmern reichlich genutzt wurde.

KAEMMEL

Erdöl/Erdgas

Erdölgewinnung mittels Atomenergie

Die Verwendung von Atomenergie bei der Gewinnung von Erdöl wird seit langem diskutiert. Vorgeschlagen wurden besonders Sprengungen großen Ausmaßes, die das Vordringen zu ölführenden Schichten erleichtern sollen. Die damit verbundene radioaktive Verseuchung der Atmosphäre erregte starke Bedenken. In den USA besteht seit 1957 ein „Project Plowshare" mit drei Stufen, deren dritte, „Project Vintage" benannt, sich auf die Erdölgewinnung bezieht, und zwar bei einem Verfahren ohne Sprengung und angeblich auch ohne radioaktive Verseuchung. In einem kürzlich erschienenen, „Project Plowshare" betitelten Buch, über das „The Petroleum Times" vom 21. 9. 1962 berichtet, setzt sich der Verfasser, Dr. RALPH SANDERS, mit Nachdruck für das „Project Vintage" ein, dessen Realisierung bisher nicht vorgesehen ist. Die erste Stufe war ein „Project Gnome", das im Dezember 1961 durchgeführt wurde und die Erzeugung unterirdischer Wärmereservoire erproben sollte (?). In der zweiten, für 1963 vorgesehenen Stufe, „Project Chariot", soll an der Nordwestküste von Alaska durch Sprengungen ein Hafenbecken für den Abtransport arktischer Kohlen und Öle geschaffen werden. Die friedlichen Zwecke dieser Atomversuche können natürlich Tarnung sein.

Auch über Project Vintage kann Dr. SANDERS bereits Näheres mitteilen. In der Athabasca-Gegend, nahe dem Lake McMurray in Alberta (Kanada), soll etwa 6 m unterhalb einer 50—60 m mächtigen Schicht von Teersanden eine Atombombe entzündet werden. Diese erdölführende Schicht liegt unter 360 m Sandstein, Schieferton und glazigener Ablagerung. Das Öl ist zu viskos, um auf normale Weise gewonnen zu werden. Durch die Explosionswärme soll es in dem Maße verflüssigt werden, daß es den Pumpen zufließt. Obgleich der zu erwartende Gewinn außerordentlich hoch veranschlagt wird, hat die kanadische Regierung aus politischen Bedenken gegen eine Atomexplosion auf kanadischem Boden bisher abgelehnt. Dr. SANDERS bemüht sich, diese Bedenken zu zerstreuen. Es bestehe keine Gefahr, daß Ausbrüche von Ölsanden stattfinden würden, da diese vollständig abgeschlossen bleiben und kein radioaktives Material in die Atmosphäre gelangen würde. Ferner werde, den vorgenommenen Untersuchungen nach, eine etwaige radioaktive Verseuchung des Albertaöls weit unterhalb der kritischen Grenze bleiben. Eine Verseuchung von Grundwässern wird auch von kanadischen Hydrologen nicht befürchtet. Schließlich werde die vorgeschlagene Explosion keine unabsehbaren Bebenerschütterungen hervorrufen.

Von den zu erwartenden Gewinnen entwirft Dr. SANDERS ein phantastisches Bild. Das Erdöl der Teersande von Athabasca wird auf 600 Mrd. Barrels geschätzt. Das ist mehr als alle bisher nachgewiesenen Erdölvorräte der Welt zusammen. Wenn nur 15% davon durch Atomexplosionen gewonnen werden könnten, so würde das 100 Mill. Barrels auf jede Quadratmeile Teersande von 30 m Mächtigkeit bedeuten. Gewinnbar wäre auch das Öl der Ölschiefer in den USA, das auf 700 Mrd. Barrels geschätzt wird. Die Ölschiefer der Green-River-Region von Colorado, Utah und Wyoming sollen „genug Öl enthalten, um den Weltbedarf auf Jahrhunderte zu decken". Ha.

Die Priorität von Öl und Gas in der UdSSR

Die wachsende Bedeutung, die in der Sowjetunion der Produktion von Erdöl und Erdgas beigemessen wird, spiegelt sich in den Investitionen, die in den Siebenjahrplänen dafür bereitgestellt worden sind, wider. Sie sind weitaus größer als die Investitionen für Kohle oder für Eisen und Stahl. In dem Siebenjahrplan 1959—1965 betragen sie 9% der gesamten Investitionen, und zwar 170 Milliarden Rubel. Das ist mehr als das Doppelte der Investitionen, die in dem voraufgehenden Plan 1952—1958 vorgesehen waren, und mehr als ein Viertel der gesamten Investitionen für Erdöl und Erdgas in der übrigen Welt. Nach dem im vergangenen Oktober bekanntgegebenen 20-Jahre-Programm soll bis 1980 eine Jahresproduktion von 700 Mill. t erreicht werden, mehr als das Vierfache der gegenwärtigen Produktion. Die Priorität, die der Sektor Erdöl und Erdgas in der UdSSR erhalten hat, läßt erkennen, daß die aus Export und inländischem Verbrauch zu erwartenden Vorteile für groß genug angesehen werden, um Kürzungen der für andere Sektoren anzusetzenden Investitionen zu rechtfertigen. Ha.

Erdgaserkundung in Jakutien

Die Gasstrukturen sind an eine 17×8 km große flache Falte gebunden. An ihrem Aufbau sind klastische Gesteine der Trias, des Juras und der Unterkreide beteiligt. Produktiv sind die Sandsteine des Unterjuras. Die Vorräte betragen etwa 27 Mrd. m^3. Das Gas enthält etwa 25 cm^3/m^3 Kondensat. Bis 1965 sollen in Jakutien Gaslagerstätten mit einem Gesamtvorrat von 300 Mrd. m^3 erkundet werden. Zahlreiche Aufwölbungen in der Vorgebirgsmulde des Werchojansker Gebirges und in der Wiljui-Senke sind bereits durch Bohrungen näher untersucht worden. Die Ergebnisse der bisherigen Erkundung lassen auf das Vorhandensein einer größeren Antiklinalzone schließen, in der vielleicht außer Gas- auch Öllagerstätten gefunden werden können. —D—

Salzstrukturen unter der Nordsee

Die zur Erforschung submariner Erdölvorkommen in Angriff genommenen seismischen Erkundungen in einem drei Meilen breiten, küstennahen Streifen längs der englischen Ostküste finden eine wertvolle Ergänzung in den hauptsächlich auf die Erkundung von Salzstrukturen gerichteten Untersuchungen, die seit 1957 von westdeutscher Seite mit Hilfe der Forschungsschiffe „Gauss" des Deutschen Hydrographischen Instituts und „Prospekta" der Prakla-Gesellschaft durchgeführt wurden und sich auf eine Fläche von 45000 km^2 in der östlichen Nordsee erstreckten. Durch die Messungen wurde der Südrand der westschleswigschen Scholle von Eiderstedt bis Helgoland und nach NW bis zur Doggerbank ermittelt. Südlich davon wurden zahlreiche Salzstöcke festgestellt, deren Zahl im Nordwesten abnimmt, ferner weiter westlich Salzakkumulationen und schwach gefaltete Sedimente bis zur Doggerbank. Damit wurde auch in diesem Gebiet die Grundlage für die Suche nach Erdöl und Erdgas geschaffen. Ha.

Aufschlußbohrung Pfullendorf 2 ölfündig

Die Aufschlußbohrung Pfullendorf 2, die rd. 30 km nördlich Meersburg/Bodensee steht, wurde in einer Teufe von 1099—1106 m im Stubensandstein (Keuper) ölfündig. Die auf eine durch geologische Untersuchungen und reflexionsseismische Messungen ermittelte Struktur angesetzte Bohrung hatte eine Endteufe von 1211 m.

In der Bohrung Pfullendorf 2 haben sich erstmalig in Süddeutschland limnische Sedimente des Mittleren Keupers als produktiv erwiesen. Die wirtschaftliche Bedeutung des Fundes kann erst durch Folgebohrungen festgestellt werden. Auch soll versucht werden, die verhältnismäßig geringe Anfangsförderung (3 m^3/Tag Rohöl) zu steigern. —D—

Gas in Waldkraiburg

Die rd. 3 km südlich des Öl- und Gasfeldes Ampfing auf die Struktur Mühlsdorf-Süd/Waldkraiburg angesetzte Erweiterungsbohrung Waldkraiburg C 2 traf zwischen 1225 und 1350 m Teufe mehrere gasführende chattische Sande an. Die produktiven Horizonte sind zusammen 8 m mächtig. Produktionsversuche erbrachten durch eine 8-mm-Düse einen Zustrom von 81600 Nm^3/Tag Gas aus dem untersten Horizont. Bereits Ende 1961 war mit der Aufschlußbohrung Waldkraiburg 1a ein Ölvorkommen in den Ampfinger Schichten entdeckt worden. —D—

Neues Erdölrevier in Brasilien?

Das einzige Produktionsgebiet von Brasilien ist Recôncavo, über das in unserer Zeitschrift bereits berichtet wurde. Die dortige Produktion deckt mit einer Förderung von ca. 3,6 Mill. m^3 pro Jahr knapp die Hälfte des brasilianischen Bedarfs. Die bisherigen Sucharbeiten von weiteren Erdölvorkommen verliefen ergebnislos.

Nunmehr ist im Tucano-Becken eine Bohrung bei der Ortschaft Querará bei 1720 m fündig geworden. Geologisch handelt es sich um Untere Kreideschichten in limnischbrackischer und terrestrischer Ausbildung, ähnlich unserem Wealden. Diese Gesteine werden als Mutter- und Speichergesteine angesprochen. K.

Wachsende Bedeutung der Erdgaspipelines

Mit dem Vorrücken des Erdgases bei der Deckung des Weltenergiebedarfs — heute steht es mit etwa 13% bereits an dritter Stelle, Erdöl mit etwa 33% an zweiter und Kohle mit etwa 50% an erster — wächst auch die Bedeutung und das Ausmaß der Erdgaspipelines in aller Welt. In Jg. 7, H. 12, unserer Zeitschrift berichteten wir bereits über die Planungen einer solchen Leitung von den Erdgasfeldern der Sahara (vor allem Hassi R'Mel) durch das Mittelmeer nach Europa. Wenn auch das Problem der Meerdurchquerung technisch als gelöst betrachtet werden kann, ist es bis heute noch unklar, welchen Verlauf die Pipeline nehmen soll. Die bisher verlegte Leitung endet in der Stadt Oran an der algerischen Küste. Von dort aus könnte sie 200 km unter Wasser weiter verlegt werden bis nach Cartagena in Spanien. Wegen der Meerestiefe ist man aber geneigt, die rund 800 km lange Umleitung über Gibraltar vorzuziehen, bei der nur 15—20 km unter Wasser zu verlegen wären. In letzter Zeit wird aber als dritte Möglichkeit auf die Strecke Cap Bon in Tunesien nach Sizilien verwiesen. Insgesamt wird man mit einer Länge von 2500—3000 km rechnen können.

Daneben macht ein anderes Projekt ähnlicher Art von sich reden. In Lausanne wurde vor einigen Monaten die „Meurogas Holdings Ltd." gegründet, die sich die Aufgabe gestellt hat, durch eine 4400 km lange Pipeline von 40" Durchmesser das Erdgas aus dem Nahen Orient nach Europa zu leiten. In drei bis fünf Jahren soll der Bau der Gesamtanlage zunächst für 8,5 Mrd. m^3/Jahr fertig sein. Eine Erhöhung bis 20 Mrd. m^3 für die darauffolgenden Jahre ist vorgesehen. Als Ausgangspunkt wird der Ort Sivas in der Türkei genannt. Von dort aus führen Leitungen einerseits in die Produktionsgebiete des Mittleren Ostens, andererseits nach Europa durch Griechenland, Jugoslawien, Österreich, Westdeutschland, in die Schweiz, nach Belgien und Luxem burg. Durch diese Leitung wird also in einigen Jahren das bisher fast ausnahmslos abgefackelte Gas auf den Feldern Saudi-Arabiens (Abqaiq, Damman, Ghawar, Khursaniyah und Safaniyah), der Neutralen Zone (Wafra), aus Kuwait (Ahmadi, Burgan und Magwa), dem Irak (Basra, Kirkuk und Mosul), aus Syrien (Karatchok) und dem Iran (Gurgan und Qum) in Europa unmittelbar zur Verfügung stehen.

Die Länge der beiden genannten Gaspipelines kann erst dann in ihrer Bedeutung voll gewürdigt werden, wenn sie in Vergleich gesetzt wird mit einigen Angaben über die bisher bestehenden Pipelinesysteme der wichtigsten gasproduzierenden Staaten.

Die USA verfügen (lt. Vereinigte Wirtschaftsdienste Montan, 19. 6. 62) über ein Pipelinenetz von über 300000 km, zuzüglich 600000 km Verteilungsleitungen. Die Sowjetunion liegt heute bei 25000 km. Im Bau befindet sich die 4500 km lange Erdgasleitung von Buchara nach dem Ural. Für die 3300 km lange Leitung von Stawropol nach Moskau wird zur Zeit der dritte Rohrstrang verlegt. 1975 sollen mit insgesamt 500 Mrd. m³ Gasverbrauch pro Jahr die USA überholt sein.

Das Erdgasnetz Westdeutschlands umfaßt heute 13700 km, zuzüglich 56000 km Verteilungsleitungen. Italien verfügt über ein Verteilernetz von 4500 km, Frankreich vervollständigt zur Zeit sein System auf insgesamt 1500 km Länge.

—K—

Raffinerien in Mittelafrika

Das Bestreben der neugebildeten oder ihrer Selbständigkeit entgegengehenden Staaten in Mittelafrika, sich zu industrialisieren, führt dazu, daß der Aufbau und Betrieb einer eigenen Erdölraffinerie vielfach im Vordergrund der Planungen steht. Solche Betriebe sind sehr geeignet, die Industrialisierung der Länder voranzutreiben.

Die nachstehende Tabelle (aus Montan-Archiv Nr. 66, vom 12. 8. 1962) gibt einen Überblick über die geplanten bzw. im Aufbau befindlichen Werke:

Land	Standort	Kapazität in 1000 t/Jahr	Betriebsunternehmen	Staatl. Beteiligung in %	Fertigstellgs.-Datum
Angola	Luanda	550	Petrangol	33¹/₃	bestehend
Kapverdische Inseln	—	—	konkurrierende Vorschläge	—	—
Senegal	Dakar	600—700	Societé Africaine de Raffinage	10	?
Liberia	Monrovia	750	Hunt International (USA)	—	?
Elfenbeinküste	Abidjan	700	—	10	?
Ghana	Tema	1000	GHAIP	50 (nach 10 Jahren)	1963
Nigerien	Port Harcourt	1450	BP-Shell Petr. Ref. Co of Nigeria	?	1963/64
Kenia	Mombassa	1800	East African Oil Rafineries	—	1963
Tanganjika	Daressalam	?	?	50	?
Abessinien	Assab	500	—	100	?
Sudan	Port Sudan	1000	—	—	1964

Ha.

Sonstiges

Kohlenlagerstätten in Jugoslawien

Nach einem Jahresbericht des Instituts für geologische Untersuchungen in Zagreb wurden die Untersuchungsarbeiten auf Braunkohle im Kreis Plemenšćine abgeschlossen. Die nach Süden einfallende Kohlenformation des oberen Oligozäns beginnt mit geringer mächtigen Kohlenschichten und kohlenführenden Tonen bei 147 m. In den steil nach Norden einfallenden Oligozänschichten bei Posilovic-Jarku wurden bis 191 m Teufe drei abbauwürdige Kohlenflöze festgestellt.

Im Kreis Vrbovo wurden zur näheren Untersuchung Kontrollbohrungen im 300-m-Netz angesetzt. Die steil nach Süden einfallenden Flöze sind sehr mächtig. Dicht unter der Oberfläche liegende Flöze führen zahlreiche Zwischenmittel, die die Vorratsberechnung und die Abbauwürdigkeit beeinträchtigen. Zum Aufschluß einer Grube mit einer Jahresförderung von 400000 t wurde im Kreis Ladanje-Brodarovec ein Gebiet von 760 ha im 500-m-Netz abgebohrt. Die festgestellten Vorräte werden als zufriedenstellend bezeichnet. Das Hauptflöz von 2,6 m Mächtigkeit verläuft unter günstigen tektonischen Bedingungen in NE—SW-Richtung und fällt mit 3—5° ein. Bei Vojakoveckom-Klostru wurde mit Untersuchungsbohrungen begonnen. Durch eine Flexur wird die Ablagerung in zwei Felder unterteilt. Im Westfeld wurden sieben bauwürdige und unter diesen mehrere geringer mächtige Flöze festgestellt. Im Südfeld wurde nur das vierte und fünfte Flöz vorgefunden. —D—

Die Blei-Silber-Erzlagerstätte Tynagh (Irland)

Die bei geochemischen Sucharbeiten festgestellte Blei-Silber-Erzlagerstätte in Tynagh (Grafschaft Galway) liegt im Bereich eines kleinen Horstes von devonischem „Old-red-Sandstein", der entlang einer Verwerfung auftritt. Die Erzführung ist hauptsächlich an Kohlenkalkstein gebunden, der stark zersetzt ist und nunmehr als schwarzer Schlick auftritt. In einer Tiefe von etwa 30 m steht unterhalb der sulfidischen Mineralisation eine Zone oxydierten Erzes an, deren Entstehung mit dem Zufluß sauerstoffreichen Wassers von der Verwerfung her erklärt wird. Nach den noch nicht vollständigen Ergebnissen der Bohrungen hat das Vorkommen eine Größenordnung von mindestens 1,5—2 Mill. t Erz. Der Bleigehalt der Proben aus 19 Bohrungen liegt zwischen 4 und 24% und beträgt im Durchschnitt 11,8%, der Silbergehalt zwischen 1—9 Unzen/t, im Durchschnitt bei 3,7 Unzen (1 Unze = 31,1 g); der durchschnittliche Zinkgehalt 2,5%, der Kupfergehalt etwa 0,7%. —D—

Die Magnesitproduktion Österreichs

Die österreichische Magnesitindustrie erreichte 1961 und 1962 in jedem ersten Quartal folgende Produktionsmengen:

	1961	1962
Rohmagnesit	428143	415857
Sintermagnesit	126378	132919
Magnesitziegel und -platten	72018	78170
Kaustisch gebrannter Magnesit	32168	28480
Flugstaub	10883	11858

Ha.

Gold, Diamanten und Mangan in Ghana

Die Goldproduktion von Ghana (die frühere Goldküste) steht nach Südafrika, der Sowjetunion, Kanada und Australien an fünfter Stelle. Es hat 1960 27 t und 1961 26 t Feingold produziert. Die Gesamtproduktion seit 1945 hatte einen Wert von 400 Mill. Neuen Franken, wovon Ghana nur 90 Mill. an Abgaben erhielt. Die Manganproduktion hat sehr zugenommen. 1960 betrug sie mit 368000 t 30% mehr als im Vorjahr. Die sehr bedeutende Produktion von Diamanten erreichte 1960 mit 3120000 Karat einen Wert von 120 Mill. Neuen Franken, 6% mehr als im Vorjahr. Die Bauxitförderung, die 1960 bereits 224000 t erreichte, wird durch den Bau eines Aluminiumwerkes im Zusammenhang mit dem Volta-River-Projekt eine weitere Steigerung erfahren. Der sehr große neue Hafen Tema, 28 km östlich von Accra, ist im Januar 1962 in Betrieb genommen worden. Zwei Molen von 3 km Länge schützen ihn gegen das Meer. Die ultramodern angelegte Hafenstadt wird sich zum Industriezentrum von Ghana entwickeln. Auch eine bedeutende Zementindustrie ist in der Entwicklung begriffen. Ha.

Neue Bentonitbetriebe in Ungarn

Anfang 1962 wurde die Produktion im Mahlwerk von Zebegény aufgenommen. Das 97—98% Kalziumkarbonat enthaltende Mahlprodukt bildet eine wichtige Grundsubstanz für die Futtermittel- und Farbindustrie. Der Betrieb verarbeitet jährlich 36000 t Kalkstein. Zwei Bentonitgruben sollen noch 1962 erschlossen und in Istenmezeje sowie in Mad je ein Mahlwerk in Betrieb genommen werden. Der Bentonit von Mad und Istenmezeje ist von vorzüglicher

Qualität und findet bei der Erzeugung von Bleicherde, als Bindemittel in Gießereien sowie bei Wasserbauten und Tiefbohrungen Verwendung. Mit Errichtung der beiden neuen Bergwerke und der neuen Mahlwerke wird sich 1962 der Export um ca. 27000 t erhöhen. —D—

Verfahren zur Umwandlung mechanischer Verschiebungen oder Schwingungen in elektrische Strom- oder Spannungswerte

Bei der Messung von mechanischen Verschiebungen und beispielsweise durch Explosionen ausgelösten Schwingungen kommt es für den Geologen darauf an, zuverlässige Ergebnisse zu erlangen. Hier hilft ein neuartiges Verfahren, bei dem ein den Verschiebungen oder Schwingungen ausgesetztes Fühlorgan mindestens einen von zwei Schwingkreisen verstimmt. Die Kreise selbst sind an einen mit konstanter Frequenz schwingenden Oszillator lose angekoppelt und auf dessen Frequenz wenigstens annähernd abgestimmt. Aus den sich an den Schwingkreisen einstellenden Wechselspannungen werden Gleichspannungen abgeleitet und aus diesen die Differenz gebildet. Dabei werden sich an den Schwingkreisen einstellende Wechselspannungen unter Amplitudenbegrenzung je in einem Phasendetektor mit der Oszillatorspannung oder einer von dieser phasenstarr abgeleiteten Spannung (Bezugsspannung) in der Phase verglichen und die Differenz aus den von beiden Phasendetektoren abgegebenen Gleichspannungen gebildet.

Das neue Verfahren erreicht somit die Umwandlung der mechanischen Meßgröße in eine von der Oszillatoramplitude unabhängigen Größe. Bei dem neuen Verfahren wird nämlich die durch Verstimmung der Schwingkreise hervorgerufene Phasenverschiebung der Schwingkreisspannungen ausgewertet, während die mit der Verstimmung verbundenen Amplitudenänderungen vor dem Phasenvergleich unwirksam gemacht werden.

Etwaige Frequenzauswanderungen des Oszillators gleichen sich bei dem neuen Verfahren aus.

Die beiden Schwingkreisspannungen, von denen die eine um + 10° und die andere um — 10° gegenüber der Oszillator-

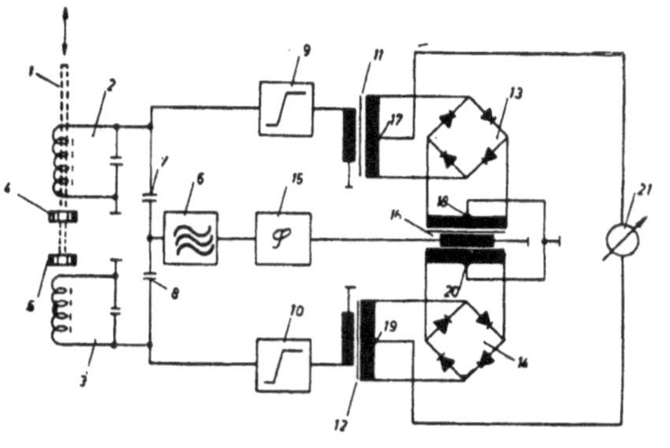

Die Wirkungsweise der Zeichnungsanordnung ist folgendermaßen: Bei einer Auslenkung des Fühlorgans, beispielsweise (in der Zeichnung) nach unten, entfernt sich die Kurzschlußscheibe (4) von der Säule des Schwingkreises (2), während sich die Kurzschlußscheibe (5) der Spule des Schwingkreises (3) nähert. Infolgedessen wird der Schwingkreis (2) auf eine niedrigere, der Schwingkreis (3) dagegen auf eine höhere Frequenz abgestimmt. Zwischen der Oszillatorspannung und der sich an jedem der beiden Schwingkreise einstellenden Wechselspannung wird dann — begünstigt durch die sehr lose Ankopplung der Schwingkreise an den Oszillator (6) — eine der Verstimmung entsprechende Phasenverschiebung auftreten.

spannung phasenverschoben sein möge, werden nun je in einem der beiden Ringmodulatoren mit der Bezugsspannung phasenverglichen. Die Phase der Bezugsspannung möge gegenüber der der Oszillatorspannung zweckmäßigerweise um 90° gedreht sein. In dem einen der beiden Ringmodulatoren wird sich dann eine Phasendifferenz von 90 + 10° = 100° und in dem anderen eine solche von 90 — 10° = 80° ergeben. Dementsprechend werden an den Ausgängen der Ringmodulatoren zwei verschieden große Gleichspannungen stehen, und wegen der Gegeneinanderschaltung wird von dem Instrument (21) nur ihre Differenz angezeigt.

DBP Anm.: 1131900. H. Friedemann

Kurznachrichten

An dem für 1963 (19.—26. Juni) in **Frankfurt/Main** vorgesehenen **6. Welt-Erdöl-Kongreß**, der wie die früheren WE-Kongresse dem wissenschaftlichen Erfahrungsaustausch dienen soll, werden erstmalig sowjetische Erdölwissenschaftler und ferner Vertreter zahlreicher „Entwicklungsländer" teilnehmen. Es wird mit 5000 bis 6000 Teilnehmern gerechnet; 250 Vorträge und 25 Exkursionen sind vorgesehen.

Die **österreichische Kohlenproduktion** ist infolge der Konkurrenz des Erdöls und Erdgases von 7029600 t (1957) auf 5766900 t (1961) zurückgegangen. Der steirische Kohlenbergbau, wo 4800 Bergarbeiter ihren Arbeitsplatz verloren, wurde am stärksten betroffen.

Die Förderkapazität des **Kohlenbergbaus der Ukrainischen SSR** soll trotz Reduzierung der Anlagen von 700 auf 390 bis 1981 durch gesteigerte Leistung der in Betrieb bleibenden Anlagen von 172,1 Mill. t (1960) auf 225 Mill. t (1970) und 293 Mill. t (1980) gesteigert werden. Dabei entfällt auf die Produktion von Kokskohle eine Zunahme von 62 Mill. t auf 137 Mill. t.

Die **österreichische Eisenerzförderung** betrug 1961 mit 3692700 t 4,2% mehr als im Vorjahr. An Bleizinkerz wurden 193264 t gewonnen (423 t mehr als 1960), an Kupfererz 130200 t (4400 t weniger als 1960).

Größere **Uran**vorkommen wurden kürzlich in der Sierra Santa Rosa in dem mexikanischen Staate **Sonora** entdeckt. Nach Angaben der mexikanischen Kommission für Atomenergie sollen im Norden, Nordwesten und Südosten von Mexiko in weiter Verteilung über Flächen von insgesamt 11000 km^2 etwa 600000 t radioaktive Erze vorhanden sein.

375 Mill. t **Eisenerz** (hauptsächlich Magnetit) mit 26,5% Fe-Gehalt, die im Tagebau gewinnbar sind, wurden durch die Anaconda Iron Ore Ltd. in Ontario **(Kanada)** verfügbar gemacht. Die Konzentrate sollen durch eine **Rohrleitung** in eine Pelletisierungsanlage am Lake Superior gepumpt werden.

Der **Kupferverbrauch** in **Großbritannien** ist im ersten Quartal 1962 von 179866 long tons im ersten Quartal 1961 auf 167177 long tons zurückgegangen. Der Verbrauch von Altkupfer sank von 41493 long tons (1. Quartal 1960) auf 36837 long tons.

Im nördlichen **Transvaal** wurde nach vierjährigen Versuchsbohrungen ein **Kupfererz**vorkommen von mehreren Mill. t gefunden, das das größte von ganz Afrika sein soll.

In Prahovo an der Donau wurde ein Werk für die Produktion von **synthetischem Kryolith** (das erste in **Jugoslawien**) mit einer Jahreskapazität von 6000 t in Betrieb genommen. Es soll künftig den Kryolithbedarf der jugoslawischen Aluminiumindustrie decken.

In der Struktur Witwatersrand **(Südafrika)** wurde ein **Gold**erzvorkommen erbohrt, das als bedeutend bezeichnet wird.

Im Raum Nurra, im nordwestlichen Teil der Insel **Sardinien** sind jetzt große **Bauxitvorkommen** festgestellt worden, deren Abbau in den nächsten Jahren bereits anlaufen soll.

Die Nordisk **Aluminiumindustrie** in Holmestrand **(Norwegen)** erweitert gegenwärtig ihre Jahreskapazität von 12000 auf 24000 t.

Am **Teutoburger Wald** wurde in Bad Lippspringe in 500 m Tiefe eine **Thermalquelle** von 27 °C erbohrt, deren Ergiebigkeit die der dort seit langem genutzten Quelle weit übertrifft.

Als **tiefstes Bergwerk der Welt** ist die Goldmine von Kolar in Indien anzusprechen. Der tiefste Punkt des Reviers liegt bei 3340 m. Die geothermische Tiefenstufe beträgt dort 35 °F, die Temperatur auf der untersten Sohle 150 °F = 66 °C.

In den nächsten Heften der Zeitschrift für angewandte Geologie

erscheinen u. a. folgende Beiträge

B. HEYNE & W. ZEIDLER: Die Entschäumung von Dickspülungen

N. I. POLEWAJA: Eine geochronologische Skala nach Altersbestimmungen an Glaukoniten

J. ZIESCHANG: Zur Grundwasserklassifikation und zur Analyse des Grundwasserdargebotes

W. OESTREICH: Hydrochemische Untersuchungen im Thüringer Wald südlich Ilmenau

H. KUGLER: Zur Erfassung und Klassifikation geomorphologischer Erscheinungen bei der ingenieurgeologischen Spezialkartierung

M. KOLAROVA: Die Ergebnisse der hydrogeologischen Untersuchung im Cheb-(Eger-) Becken

I. I. GINSBURG: Grundfragen der Bildung von Verwitterungskrusten und ihre Bedeutung beim Aufsuchen von Minerallagerstätten

R. FRANZ & D. RUSITZKA: Geologische Ergebnisse der Erkundungsarbeiten auf Kupferschiefer im Raum Spremberg—Weißwasser

K. AHRENS & D. LOTSCH: Marines Miozän in Südostbrandenburg

K. KAUTER: Beitrag zur Klärung der Geologie des tieferen Untergrundes im nordwestlichen Thüringer Becken

K. LEHNERT: Zur Eichung und Interpretation von Neutron-Gamma-Messungen im Zechsteinhauptkarbonat

Herausgeber: Staatliche Geologische Kommission und Zentrale Vorratskommission für mineralische Rohstoffe der Deutschen Demokratischen Republik. Für die kollektive Chefredaktion: Dr. K. KAUTER (Redaktionssekretär), Berlin. Redaktion: Berlin N 4, Invalidenstraße 44. Verlag: Akademie-Verlag GmbH, Berlin W 8, Leipziger Straße 3—4 (Fernsprecher 220441, Telex 011773, Postscheckkonto: Berlin 35021). Bestellnummer des Heftes 1047/9/2. Die „Zeitschrift für angewandte Geologie" erscheint monatlich. Bezugspreis 2,— DM je Heft. — Satz und Druck: Druckhaus „Maxim Gorki", Altenburg. Veröffentlicht unter der Lizenznummer 1279 des Presseamtes beim Vorsitzenden des Ministerrates. Karten: MdI der DDR, Nr. 7391, 7852, 8043, 8072, 8187.

Kolibri 360 GmbH
Ferdinand-Jühlke-Straße 7
99095 Erfurt, Deutschland
produktsicherheit@kolibri360.de